全国普通高等院校计算机专业"十二五"规划精品教材

计算机应用基础实训指导
（Windows7 + Office2010）

主　编　兰娅勋　陈云萍

中国商业出版社

图书在版编目(CIP)数据

计算机应用基础实训指导(Windows7 + Office2010)
/兰娅勋,陈云萍主编. —北京:中国商业出版社,2014.10
ISBN 978 – 7 – 5044 – 8209 – 9

Ⅰ. ①计… Ⅱ. ①兰… ②陈… Ⅲ. ①电子计算机 – 基本知识
Ⅳ. ①TP3

中国版本图书馆 CIP 数据核字(2013)第 189580 号

责任编辑:蔡凯

中国商业出版社出版发行
010 – 63180647   www.c – cbook.com
(100053 北京广安门内报国寺 1 号)
新华书店总店北京发行所经销
北京高岭印刷有限公司印刷

* * * *

开本:787×1092 毫米   1/16   11 印张   230 千字
2014 年 10 月第 1 版   2014 年 10 月第 1 次印刷
定价:21.80 元

* * * *

(如有印装质量问题可更换)

编写说明

高等职业教育以培养技术应用型人才为根本任务,以适应社会需求为目标,以培养技能为主线,设计学生的知识、能力和素质结构。本书以实例为主,注重学生计算机基本知识的掌握以及实际操作能力和应用能力的培养,同时兼顾计算机等级考试所需的知识。

本书共分3个部分,包括第一部分技能拓展、第二部分技能训练、第三部分技能测试等。其中技能拓展部分包括:计算机基础知识、中文 Windows 7 操作系统、中文文字处理系统2010、中文电子表格处理软件2010、PowerPoint 演示文稿2010、计算机网络基础;技能训练部分包括:计算机基础知识、WINDOWS 7 操作系统、中文字处理软件 Word 2010、中文电子表格软件 Excel2010、中文演示文稿 PowerPoint 2010、项目六 计算机网络应用基础;技能测试部分包括:、Windows7 操作(一)、Windows7 操作(二)、Word2010 操作(一)、Word2010 操作(二)、Word2010 操作(三)、Word2010 操作(四)、Word2010 操作(五)、Word2010 操作(六)、Excel2010 操作(一)、Excel2010 操作(二)、Excel2010 操作(三)、Excel2010 操作(四)、Excel2010 操作(五)、Excel2010 操作(六)、PowerPoint2010 操作等。项目1 Windows 7 基本操作、项目2 Word 2010 文字处理操作、项目3 Excel 2010 电子表格操作、项目4 PowerPoint 2010 演示文稿制作、项目5 Internet 应用。每个项目包含多个技能训练,每个任务由实训目的、实训内容、任务描述、操作步骤、思考与练习等模块组成,所有任务均结构清晰,内容实用,图文并茂,易于理解和操作。本书还包括针对全国计算机等级考试一级计算机基础及 MS Office 应用考试的基础知识测试和操作技能测试,希望能帮助学生顺利通过考试。

本书内容丰富、新颖、面向应用,重视操作能力的培养和知识与技能综合应用,通过实例引导学生快速掌握各种软件的基本功能和操作技术。本书适用于"计算机应用基础"课程的实训教学,也可以作为相关计算机技术的培训教材和自学用书。

本书由兰娅勋、陈云萍老师担任主编，并负责全书整体框架的设计、编写组织和书稿审校工作。

由于编者水平有限，不妥之处在所难免，衷心希望广大读者批评指正，以不断提高编写质量。

编　者

2014 年 10 月

目　录

第一部分　技能拓展 ·· (1)

项目一　计算机基础知识 ·· (1)
技能拓展一　计算机概述 ·· (1)
技能拓展二　计算机的数字信息化表示 ·· (4)
技能拓展三　微型计算机系统的组成 ··· (8)

项目二　中文 Windows 7 操作系统 ·· (14)
技能拓展一　中文 Windows 基本知识 ··· (14)
技能拓展二　中文 Windows 7 资源管理器 ··· (17)

项目三　中文文字处理系统 2010 ·· (24)
技能拓展一　Word 的基本概念 ··· (24)
技能拓展二　Word 文档的基本操作 ·· (26)
技能拓展三　Word 文档编辑和显示 ·· (29)
技能拓展四　Word 文档的排版格式 ·· (30)
技能拓展五　项目符号和编号及分栏操作 ·· (32)
技能拓展六　表格和图形 ·· (33)
技能拓展七　页面排版和打印文档 ··· (36)

项目四　中文电子表格处理软件 2010 ·· (40)
技能拓展一　中文 Excel 的基本知识 ··· (40)
技能拓展二　工作表的建立 ··· (42)
技能拓展三　工作表的编辑和格式化 ·· (44)
技能拓展四　数据图表和地图 ·· (46)
技能拓展五　数据管理和分析 ·· (48)

项目五　Power Point 演示文稿 2010 ··· (51)

项目六　计算机网络基础 ·· (55)

技能拓展一　网络基础知识 ……………………………………………… (55)
技能拓展二　计算机病毒 ………………………………………………… (60)
技能拓展三　Internet 基础 ……………………………………………… (62)

第二部分　技能训练 …………………………………………………… (67)

项目一　计算机基础知识 ……………………………………………… (67)
技能训练一　计算机指法练习 …………………………………………… (67)
技能训练二　组装电脑 …………………………………………………… (71)

项目二　Windows7 操作系统 …………………………………………… (72)
技能训练三　记事本的使用 ……………………………………………… (72)
技能训练四　画图工具的使用 …………………………………………… (72)
技能训练五　文件、文件夹的操作 ……………………………………… (73)
技能训练六　控制面板的使用 …………………………………………… (74)

项目三　中文字处理软件 Word 2010 …………………………………… (75)
技能训练七　Word 2010 文档的基本操作 ……………………………… (75)
技能训练八　文档的格式化 1 …………………………………………… (76)
技能训练九　文档的格式化 2 …………………………………………… (77)
技能训练十　文档的格式化 3 …………………………………………… (78)
技能训练十一　文档的格式化 4 ………………………………………… (80)
技能训练十二　文档的格式化 5 ………………………………………… (82)
技能训练十三　文档的格式化 6 ………………………………………… (84)
技能训练十四　文档的格式化 7 ………………………………………… (86)
技能训练十五　Word 中的表格制作 1 …………………………………… (87)
技能训练十六　Word 中的表格制作 2 …………………………………… (88)
技能训练十七　Word 中表格的制作 3 …………………………………… (89)
技能训练十八　Word 中的表格制作 4 …………………………………… (90)
技能训练十九　文档中的图文混排 1 …………………………………… (92)
技能训练二十　文档的图文混排 2 ……………………………………… (94)
技能训练二十一　文档中的图文混排 3 ………………………………… (96)
技能训练二十二　文档中的图文混排 4 ………………………………… (97)
技能训练二十三　长文档的格式化 1 …………………………………… (99)
技能训练二十四　长文档的格式化 2 …………………………………… (100)

技能训练二十五　　特殊文档的制作1 ……………………………………… (101)
　　技能训练二十六　　特殊文档的制作2 ……………………………………… (102)
　　技能训练二十七　　文档版面设置和打印 …………………………………… (103)

项目四　中文电子表格软件Excel2010 ……………………………………… (104)

　　技能训练二十八　　Excel 2010 的基本操作 ………………………………… (104)
　　技能训练二十九　　Excel 2010 公式和函数的使用 ………………………… (105)
　　技能训练三十　　　Excel 2010 工作表的格式化 …………………………… (106)
　　技能实训三十一　　Excel 2010 工作表的制作 ……………………………… (108)
　　技能实训三十二　　Excel 2010 工作表的格式化1 ………………………… (110)
　　技能实训三十三　　Excel 2010 工作表的格式化2 ………………………… (112)
　　技能实训三十四　　Excel 2010 工作表使用数据清单 ……………………… (114)
　　技能实训三十五　　Excel 2010 工作表中的数据汇总 ……………………… (118)
　　技能实训三十六　　Excel 2010 工作表使用图表 …………………………… (120)
　　技能实训三十七　　Excel 2010 工作表中图表制作 ………………………… (121)
　　技能实训三十八　　Excel 2010 工作表的页面设置 ………………………… (123)
　　技能实训三十九　　文档的打印 ……………………………………………… (124)

项目五　中文演示文稿PowerPoint 2010 …………………………………… (125)

　　技能实训四十　　　演示文稿的创建 ………………………………………… (125)
　　技能实训四十一　　演示文稿的动画制作 …………………………………… (127)
　　技能训练四十二　　演示文稿的设置 ………………………………………… (128)
　　技能训练四十三　　演示文稿的动画设置 …………………………………… (130)
　　技能训练四十四　　演示文稿的格式设置 …………………………………… (131)

项目六　计算机网络应用基础 ………………………………………………… (134)

　　技能训练四十五　　组建对等局域网 ………………………………………… (134)
　　技能训练四十六　　驱动器共享的设置 ……………………………………… (136)
　　技能训练四十七　　IE浏览器的应用 ………………………………………… (136)
　　技能训练四十八　　电子邮件的应用 ………………………………………… (137)
　　技能训练四十九　　病毒的查杀 ……………………………………………… (138)

第三部分　技能测试 ……………………………………………………………… (139)

　　技能测试一　　Windows 7 操作（一） ……………………………………… (139)
　　技能测试二　　Windows 7 操作（二） ……………………………………… (139)

技能测试三　Word 2010 操作(一) …………………………………………………(140)
技能测试四　Word 2010 操作(二) …………………………………………………(141)
技能测试五　Word 2010 操作(三) …………………………………………………(142)
技能测试六　Word 2010 操作(四) …………………………………………………(143)
技能测试七　Word 2010 操作(五) …………………………………………………(144)
技能测试八　Word 2010 操作(六) …………………………………………………(145)
技能测试九　Excel 2010 操作(一) ……………………………………………………(145)
技能测试十　Excel 2010 操作(二) ……………………………………………………(147)
技能测试十一　Excel 2010 操作(三) …………………………………………………(149)
技能测试十二　Excel 2010 操作(四) …………………………………………………(150)
技能测试十三　Excel 2010 操作(五) …………………………………………………(152)
技能测试十四　Excel 2010 操作(六) …………………………………………………(154)
技能测试十五　Power Point 2010 操作 ………………………………………………(156)

附录答案 ………………………………………………………………………………(159)

第一部分 技能拓展

项目一 计算机基础知识

技能拓展一 计算机的概述

一、单项选择题

1. 世界上第一台电子计算机是1946年在美国研制成功的,该机的英文缩写是。
   (A)ECVAC　　　　(B)ENIAC　　　　(C)EDVAC　　　　(D)EDIAC

2. 第一代计算机的逻辑器件采用的是。
   (A)集成电路　　　(B)晶体管　　　　(C)电子管　　　　(D)大规模集成电路

3. 第四代计算机的逻辑器件采用的是。
   (A)集成电路　　　(B)晶体管　　　　(C)电子管　　　　(D)大规模集成电路

4. 在计算机发展到时出现了高级语言。
   (A)第一代　　　　(B)第二代　　　　(C)第三代　　　　(D)第四代

5. 计算机能直接识别的语言是。
   (A)高级程序语言　(B)汇编语言　　　(C)机器语言　　　(D)C语言

6. 用高级程序设计语言编写的程序,要转换成等价的可执行程序,必须经过。
   (A)汇编　　　　　(B)编辑　　　　　(C)解释　　　　　(D)编译和链接

7. 第四代微处理器采用工艺。
   (A)H-MOS　　　　(B)P-MOS　　　　(C)N-MOS　　　　(D)超大规模集成电路

8. 第一个微处理器于1971年由公司生产。
   (A)APPLEE　　　 (B)IBM　　　　　 (C)Intel　　　　　(D)Microsoft

9. 以下不属于计算机辅助系统。
   (A)CAD　　　　　(B)CAM　　　　　(C)CBE　　　　　 (D)CBD

10. 在计算机应用领域,CAD 指的是。
    (A)计算机辅助教育　　　　　　　　(B)计算机辅助制造
    (C)计算机辅助设计　　　　　　　　(D)计算机辅助绘图

11. 就是用计算机帮助各类设计人员进行设计。

(A)计算机辅助教育　　　　　　　(B)计算机辅助制造
(C)计算机辅助设计　　　　　　　(D)计算机辅助绘图
12. 计算机辅助教育包括　。
(A)计算机辅助教学　　　　　　　(B)计算机辅助测试
(C)计算机管理教学　　　　　　　(D)A、B、C
13. CAI是指的简称。
(A)计算机辅助教学　　　　　　　(B)计算机辅助测试
(C)计算机管理教学　　　　　　　(D)计算机辅助管理
14. 一般是指模拟人脑进行演绎推理和采取决策的思维过程。
(A)计算机辅助模拟　　　　　　　(B)计算机仿真
(C)计算机辅助设计　　　　　　　(D)人工智能
15. 目前，制造计算机所使用的电子器件是。
(A)大规模集成电路　　　　　　　(B)晶体管
(C)集成电路　　　　　　　　　　(D)大规模集成电路和超大规模集成电路
16. 近来计算机报刊中常出现的"Java"一词是指　。
(A)一种计算机语言　　　　　　　(B)一种计算机设备
(C)一个计算机厂商云集的地方　　(D)一种新的数据库软件
17. 计算机发展的趋势之一是巨型化，"巨型化"是指：　。
(A)体积大、重量重　　　　　　　(B)机能实时处理
(C)外部设备更多　　　　　　　　(D)功能更强、运算速度更高、储存容量更大
18. 按正确指法击"D"键，应使用。
(A)左手食指　　(B)左手中指　　(C)右手食指　　(D)右手中指
19. 计算机的发展趋势是巨型化、微小化、网络化、多媒体化。
(A)智能化　　　(B)数字化　　　(C)自动化　　　(D)以上都对
20. 计算机的启动方式有。
(A)热启动和复位启动　　　　　　(B)热启动和冷启动
(C)加电启动和冷启动　　　　　　(D)只能是加电启动
21. 计算机最主要的特点是运算速度快且能进行逻辑判断，此外还有的功能。
(A)解决问题　　(B)存储记忆　　(C)自动编程　　(D)模仿人的思维
22. 电子计算机的发展过程经历了4代，其划分依据是。
(A)计算机体积　　　　　　　　　(B)计算机速度
(C)构成计算机的电子元件　　　　(D)内存容量
23. 是指通过计算机和网络进行商务活动。
(A)电子商务　　(B)电子银行　　(C)电子支付　　(D)网上商场
24. 电子计算机技术在半个世纪中虽有很大进步，但至今其运行仍遵循着一位科学家提出的存储程序控制原理。这位科学家是。
(A)艾仑·图灵　(B)冯·诺依曼　(C)比尔·盖茨　(D)乔治·布尔
25. 气象预报是计算机在领域中的应用。

(A)数据处理　　　　(B)科学计算　　　　(C)实时控制　　　　(D)人工智能
26.用计算机进行资料检索工作是属于计算机应用领域中的。
(A)数据处理　　　　(B)科学计算　　　　(C)实时控制　　　　(D)人工智能
27.是大写字母锁定键,主要用于连续输入大写字母。
(A)Tab　　　　　　(B)CapsLock　　　　(C)Shift　　　　　　(D)Alt
28.是上档键,主要用于辅助输入。
(A)Tab　　　　　　(B)Ctrl　　　　　　(C)Shift　　　　　　(D)Alt

二、多项选择题

1.关于计算机的发展过程及基本知识,正确的是。
(A)计算机正朝着微型化和巨型化方向发展,微型化代表着计算机的应用水平,而巨型化代表国家的科技水平
(B)信息处理是目前计算机应用最广泛的领域
(C)从计算机诞生至今,计算机所使用的电子器件依次为:晶体管、电子管、中小规模集成电路和大规模集成电路
(D)随着计算机所使用电子器件的变化,人们通常将计算机的发展划分为5个时代
(E)第一台现代电子计算机是冯·诺依曼发明的
(F)第二代电子计算机的主要元件是晶体管
2.计算机的主要特点有。
(A)速度快、精度低　　　　　　　(B)具有记忆和逻辑判断能力
(C)能自动运行、支持人机交互　　(D)适合科学计算,不适合数据处理
3.关于冯·诺依曼,正确的是。
(A)将指令和数据同时存放在存储器中,是冯·诺依曼计算机方案的特点之一
(B)冯·诺依曼提出的计算机体系结构,奠定了现代计算机的结构理论
(C)冯·诺依曼原理是计算机的唯一工作原理
(D)世界上第一台计算机就采用了冯·诺依曼体系结构
4.以下说法中,正确的是。
(A)目前,我国银河系列超级计算机的运算速度达到亿次/秒
(B)大型计算机和巨型计算机仅仅是体积大,其功能不比微机强
(C)巨型计算机是相对于大型计算机而言的一种运算速度更高、存储量更大、功能更完善的计算机
(D)冯·诺依曼原理是计算机的唯一工作原理
(E)气象预报是计算机在科学计算领域中的应用

三、判断题

1.以计算机为核心,集网络文化、信息文化、多媒体文化为一体,并对社会生活和人类行为产生广泛、深远影响的新型文化称为计算机文化。　　　　　　　　　　　(　　)
2.计算机体积越大,功能就越强。　　　　　　　　　　　　　　　　　　　(　　)

3. 世界上第一台电子计算机诞生于英国。（   ）
4. 第一代电子计算机的主要元件是晶体管。（   ）
5. 第三代电子计算机主要采用超大规模集成电路元件制造成功。（   ）
6. Caps Lock 键主要用于大、小写转换。（   ）
7. 第一台电子计算机是由冯·诺依曼发明的。（   ）
8. 第一代计算机主要应用领域为数据处理。（   ）
9. 计算机辅助教学的英文缩写是 CAM。（   ）
10. Shift 是上档键，主要用于辅助输入字母。（   ）
11. 目前使用的计算机都是冯·诺依曼型计算机。（   ）
12. Num Lock 键主要用于输入数字的控制。（   ）

技能拓展二　计算机的数字信息化表示

一、单项选择题

1. 在计算机内，一切信息存取、传输都是按。
 (A) ASCII 码　　　(B) 二进制码　　　(C) 十六进制　　　(D) BCD 码
2. 在计算机中采用二进制的主要原因是。
 (A) 易于用电子元件表示　　　　　(B) 存储信息量大
 (C) 符合人们的习惯　　　　　　　(D) 数据输入输出方便
3. ASCII 码是指。
 (A) 通用编码　　　　　　　　　　(B) 美国信息交换标准代码
 (C) 二—十进制编码　　　　　　　(D) 扩充二进制编码的十进制交换码
4. 下列所表示的数最大。
 (A) (11001011)2　　　　　　　　　(B) (234)8
 (C) (189)10　　　　　　　　　　　(D) (B6)16
5. 数值的精度取决于的长度。
 (A) 原码　　　(B) 补码　　　(C) 阶码　　　(D) 尾数
6. 在计算机世界中的"字节"是个常用的单位，它的英文名称是。
 (A) bit　　　(B) Byte　　　(C) word　　　(D) Baud
7. 在进位记数制中，当某一位的值达到某个固定量时，就要向高位产生进位。这个固定量就是该种进位记数制的。
 (A) 阶码　　　(B) 尾数　　　(C) 原码　　　(D) 基数
8. 下列关于数值数据的描述不正确的是。
 (A) 定点数必须是正数　　　　　　(B) 浮点数可以是正数，也可以是负数
 (C) 定点数小数点固定　　　　　　(D) 浮点数小数点不固定
9. 若 [X]原 = 10101100，则 [X]补 = 。
 (A) 00111001　　　(B) 11011111　　　(C) 11010100　　　(D) 11010011

10. 将一个数显示在 CRT 上或用打印机打印出来，通常必须先将其转换为码。
(A)二进制　　　(B)十进制　　　(C)BCD 码　　　(D)ASCII 码

11. 任何进位记数制都有的两要素是。
(A)整数和小数　　　　　　　　(B)定点数和浮点数
(C)数码的个数和进位基数　　　(D)阶码和尾数

12. 关于计算机内部的原码、补码和反码，下面正确的描述是。
(A)原码就是计算机中原来使用而现在不用的编码
(B)补码的补码是原码
(C)当原码不够用时，必须使用补码
(D)反码就是原码的绝对值的补码

13. 有一个 8 位的二进制补码是 11111101，其相应的十进制数是。
(A)509　　　(B)253　　　(C)-3　　　(D)3

14. 十进制数 -75 在机器内部用二进制 10110101 表示，其表示方式是。
(A)补码　　　(B)原码　　　(C)反码　　　(D)ASCII 码

15. 一个字节由 8 个二进制位组成，它所能表示的最大的十六进制数为。
(A)255　　　(B)256　　　(C)9F　　　(D)FF

16. 在计算机存储器中，一个字节可以保存。
(A)一个汉字　　　　　　(B)一个 ASCII 码表中的字符
(C)一个英文单词　　　　(D) 0~256 之间的一个整数

17. 已知字母"E"的 ASCII 码是 45H，则字母"e"的 ASCII 码是。
(A)65H　　　(B)25H　　　(C)97H　　　(D)33H

18. 已知[X]补 = 10010110，则[X]原 =
(A)10010111　　　(B)11101000　　　(C)01101000　　　(D)11101010

19. 在计算机内存储器中，中存放一个英文字符。
(A)一个字节　　　(B)一个字长　　　(C)一个存储单元　　　(D)一个字

20. 2K 字节的存储器能存个汉字。
(A)1000　　　(B)512　　　(C)1024　　　(D)500

21. 计算机中最基本的存储单位是。
(A)二进制字符　　　(B)字节　　　(C)字　　　(D)ASCII 码

22. 标准的 ASCII 码是位二进制位。
(A)7　　　(B)16　　　(C)8　　　(D)32

23. 在机器数中，零的表示形式是唯一的。
(A)补码　　　(B)原码　　　(C)反码　　　(D)原码和补码

24. 在数据的浮点表示法中，有一个隐含的参数是。
(A)阶码　　　(B)尾数　　　(C)基数　　　(D)位数

25. 在计算机系统中，普遍使用的字符编码是。
(A)原码　　　(B)补码　　　(C)ASCII 码　　　(D)汉字编码

26. 计算机中二进制数求和的基本规则是。

(A)逢十进一　　　(B)逢八进一　　　(C)逢二进一　　　(D)逢四进一

27. 下列符号在算术运算时最为优先。
(A)乘号(*)　　　(B)加号(十)　　　(C)指数(^)　　　(D)减号(-)

28. 下面4个数中最大的数是。
(A)二进制数111001　(B)八进制数57　(C)十进制数51　(D)十六进制数3A

29. 十进制数57的二进制数是。
(A)0111001　　　(B)1100001　　　(C)0110011　　　(D)101001

30. 十六进制数166转换为十进制数为。
(A)358　　　　(B)546　　　　(C)340　　　　(D)385

31. 已知字符"J"的ASCII码的十六进制数是4A，则ASCII码的二进制数1001000对应的字符应为。
(A)G　　　　(B)H　　　　(C)I　　　　(D)J

32. 十进制数100用十六进制表示为。
(A)64H　　　(B)AOH　　　(C)100H　　　(D)10H

33. 二进制数1101B转换成十进制为。
(A)3　　　　(B)15　　　　(C)13　　　　(D)7

34. 在24*24点阵的字库中，存储1个汉字的字模信息需要个字节。
(A)24　　　　(B)3　　　　(C)72　　　　(D)16

35. 与十进制数21.615等值的二进制数是。
(A)10110.1101　(B)10101.1001　(C)01011.1101　(D)10101.01011

36. 比较字符串大小的规则是：从首字母开始，按第一个不相同字符ASCII码的大小来比较。字符串"DEAIEF"和字符串"DEAIDEF"的大小是。
(A)"DEAIEF" > "DEAIDEF"　　　　(B)"DEAIEF" < "DEAIDEF"
(C)"DEAIEF" = "DEAIDEF"　　　　(D)无法比较

37. 若按从大到小顺序排列字符，正确的是。
(A)空格,A,e,7　(B)7,e,A,空格　(C)e,A,7,空格　(D)e,A,7,空格

38. 在个人计算机上，比较字母A与B大小，实际上是比较它们的大小。
(A)笔画数　　(B)字母表位置值　　(C)ASCII码　　(D)所占存储空间

39. 下列四个ASCII码字符所表示的数值，最大。
(A)0　　　　(B)9　　　　(C)A　　　　(D)a

40. 用拼音或五笔字型输入法输入单个汉字，使用的字母键状态。
(A)必须是大写　(B)必须是小写　(C)大写或小写　(D)大写或小写混合使用

41. Bit的意思是。
(A)字节　　　(B)字长　　　(C)字　　　(D)二进制位

42. 若一个存储单元能放一个字节，则容量为32KB的存储器中的存储单元个数为。
(A)32000　　(B)32768　　(C)32767　　(D)65536

43. 汉字存储一般是以点阵来实现的，点阵的大小决定汉字的。
(A)输入难度　　(B)显示质量　　(C)重码率　　(D)大小

44.汉字字模是由组成。
(A)字心与边框　　(B)基线　　　　(C)字心　　　　(D)边框

45.我国的汉字国际码把汉字分等级。
(A)简化字和繁体字两个　　　　　　(B)一、二和三级汉字共三个
(C)常用字、不常用字两个　　　　　(D)一级、二级汉字共两个

46.下面不属于汉字输入法的是。
(A)王码　　　　(B)区位码　　　(C)机内码　　　(D)表形码

47.存储1600个24*24的汉字点阵码需要个字节。
(A)921600　　　(B)460800　　　(C)448000　　　(D)115200

48.4GB的硬盘可以存储个中文国标码对应的字符。
(A)4*1024*1024*1024　　　　　　　(B)2*1024*1024*1024
(C)8*1024*1024*1024　　　　　　　(D)1*1024*1024*1024

49.若要打印汉字将用到汉字编码中的。
(A)输入码　　　(B)字型码　　　(C)机内码　　　(D)交换码

50.字型码存放在。
(A)汉字库文件中　　　　　　　　　(B)汉字系统启动程序中
(C)显示管理程序中　　　　　　　　(D)键盘管理程序中

二、简答题

1.请用八位二进制数写出下列十进制数的原码、补码、反码

	原码	补码	反码
+56			
-74			
+35			
-127			
+1			

2.请填写下表

二进制	十进制	八进制	十六进制
	87.25		
101111001.01			
			20D
		1015	
	37		

3. 什么叫机器数？什么叫真值？
4. 什么是BCD码？试写出4567的BCD码。
5. 什么是ASCII码？请查一下"A"、"a"、"0"和空格的ASCII码值。
6. 请简述"通用多八位编码字符集"的编码方法。

技能拓展三　微型计算机系统的组成

一、单项选择题

1. 一台计算机的字长为2个字节，就意味着它。
(A)能处理的数值最大为2位十进制9999
(B)能处理的字符串最多由2个英文字母组成
(C)在CPU中作为一个整体加以传送处理二进制代码为16位
(D)在CPU中运算的结果最大为224

2. 的基本功能是从内存取指令和执行指令。
(A)运算器　　　(B)控制器　　　(C)内存储器　　　(D)指令译码器

3. 运算器的基本功能是。
(A)算术运算和逻辑运算　　　(B)数值运算和解码运算
(C)算术运算　　　(D)逻辑运算

4. 光盘驱动器是一种。
(A)外设　　　(B)内存　　　(C)外存　　　(D)主机的一部分

5. 内存储器的每个存储单元一般可存放位二进制数。
(A)4　　　(B)8　　　(C)16　　　(D)32

6. 个二进制位为一个字节。
(A)4　　　(B)8　　　(C)16　　　(D)32

7. 计算机最小的储存单位是　　。
(A)位　　　(B)字节　　　(C)字　　　(D)字串

8. 用来接受用户输入的原始数据和程序并转化为计算机能识别的形式存放到内存中。
(A)输入设备　　　(B)输出设备　　　(C)控制器　　　(D)存储器

9. 用来将放在计算机内存中的处理结果转化为人们所能接受的形式。
(A)输入设备　　　(B)输出设备　　　(C)控制器　　　(D)存储器

10. 以下不是输入设备。
(A)数字化仪　　　(B)鼠标　　　(C)光笔　　　(D)显示器

11. 以下不是输出设备。
(A)数字化仪　　　(B)绘图仪　　　(C)打印机　　　(D)显示器

12. 计算机能处理的最小数据单位是。
(A)ASCII码　　　(B)字节　　　(C)字符串　　　(D)二进制位

13. 合在一起被称为中央处理单元。

(A)控制器和运算器　　　　　　　　(B)控制器和存储器
(C)存储器和运算器　　　　　　　　(D)控制器和输入输出设备

14. lM字节的存储器容量的准确含义是。
(A)1000B　　　(B)1024KB　　　(C)1024字节　　　(D)1024万

15. 下面的说法正确的是。
(A)1GB＝1024MB　(B)1TB＝1024MB　(C)1TB＝1024MB　(D)1GB＝1024TB

16. PC/586是一台。
(A)小型计算机　　　(B)单板机　　　(C)个人微型计算机　　　(D)计算器

17. 计算机软件通常分为两大类，它们是。
(A)操作系统和数据库　　　　　　　(B)系统软件和应用软件
(C)操作系统和编辑软件　　　　　　(D)控制软件和系统软件

18. 操作系统用来管理计算机系统的。
(A)硬件资源　　　(B)软件资源　　　(C)数据资源　　　(D) A、B、C

19. 系统软件中最重要的是。
(A)语言处理程序　(B)操作系统　(C)工具软件　(D)数据库管理系统

20. 硬盘工作时，应特别注意避免。
(A)剧烈震动　　　(B)噪声　　　(C)光线直射　　　(D)环境卫生不好

21. 地址总线为24位的计算机的内存最大存储容量为。
(A)64MB　　　(B)16MB　　　(C)128KB　　　(D)256KB

22. 具有较大通用性，编写的程序可以运行在不同的计算机系统上。
(A)汇编语言　　　(B)高级语言　　　(C)机器语言　　　(D)中级语言

23. 计算机将源程序翻译成机器指令的方式是。
(A)编译　　　(B)解释　　　(C)注释　　　(D) A、B

24. 1.44MB软盘的所有磁道中，最外圈的是道，它是软盘中最重要的磁道。
(A)0　　　(B)1　　　(C)79　　　(D)80

25. 如果按照字长来划分，微型机可分为8位机、16位机、32位机、64位机和128位机等。所谓32位机是指该计算机所用的CPU。
(A)具有32位的寄存器　　　　　　(B)同时能处理32位二进制数
(C)只能处理32位二进制定点数　　(D)有32个寄存器

26. 一般将用高级语言编写的程序称为。
(A)可执行程序　(B)目标程序　(C)源程序　(D)联结程序

27. 计算机能直接执行的计算机程序是。
(A)机器语言程序　(B)汇编语言程序　(C)C语言程序　(D)JAVA语言程序

28. 软盘置为写保护状态，则该盘片。
(A)若有病毒也不会扩散　　　　　　(B)能用杀毒软件对它进行杀毒
(C)不能防止病毒入侵　　　　　　　(D)能防止病毒入侵

29. 下列有关存储器读写速度的排列，正确的顺序是。
(A) RAM ＞CACHE ＞硬盘 ＞软盘　　　(B)CACHE ＞硬盘 ＞ RAM ＞软盘

(C)RAM＞硬盘＞软盘＞CACHE　　　　　(D)CACHE＞RAM＞硬盘＞软盘

30. 微型计算机硬件系统最核心的部件是。
(A) 主板　　　　(B)内部存储器　　(C)CPU　　　　(D)I/O 设备

31. WPS 是。
(A) 实时控制软件　(B)辅助设计软件　(C)表格处理软件　(D)文字处理软件

32. 设显示器上的每个像素用 256 种颜色，需用 Bit 存储一个像素的图像信息。
(A)4　　　　　(B)8　　　　　(C)16　　　　　(D)2

33. 设显示器上的每个点用 16 种颜色，显示器设置为 800＊600，则显示一屏幕的图形需用的存储容量为。
(A)960KB　　　(B)640KB　　　(C)480KB　　　(D)240KB

34. 下列计算机术语中，属于显示器性能指标的是。
(A)精度　　　　(B)可靠性　　　(C)速度　　　　(D)分辨率

35. 下列设备中不在系统主板上的是。
(A)CPU　　　　(B)内存模块　　(C)基本 I/O 接口　(D)硬盘

36. 通常情况下，要执行的程序或数据必须放在中才能被 CPU 执行。
(A)软盘　　　　(B)ROM　　　　(C)硬盘　　　　(D)内存

37. 主频是计算机的重要性能指标之一，它的单位是。
(A)MHz　　　　(B)MB　　　　(C)MIPS　　　　(D)MIBF

38. 下面常用术语中，错误的是。
(A) 读写磁头是即能从磁表面存储器读出信息，又能把信息信息写入磁表面存储器的装置。
(B) 光标是显示屏上指示位置的标志
(C) 汇编语言是面向机器的低级程序设计语言，计算机能直接执行用汇编语言编写的源程序。
(D) 总线是计算机系统中各部件之间传输信息的公共通路

39. 计算机掉电以后，存储的信息仍然还能保持的是。
(A)只读存储器　(B)动态随机存储器　(C)静态随机存储器　(D)高速缓冲存储器

40. 需要定期刷新才能保持信息的存储器是。
(A)SRAM　　　(B)DROM　　　(C)DRAM　　　(D)Cache

41. 目前，应用最广泛的微机总线是。
(A)ISA　　　　(B)EISA　　　　(C)PCI　　　　(D)MCA

42. 在计算机领域中 MIPS 通常用来描述。
(A)计算机的运算速度　　　　　(B)计算机的可靠性
(C)计算机的可运算性　　　　　(D)计算机的可扩展性

43. 动态随机存储器优于静态随机存储器的地方是。
(A)刷新的速度快　(B)读写速度快　(C)集成度高　(D)接口电路简单

44. 一般在系统主板上的 BIOS 系统的存储介质是。
(A)硬盘　　　　(B)ROM　　　　(C)SRAM　　　(D)Cache

45. 下列不是 I/O 总线传送的信号。
(A)数据　　　　(B)地址　　　　(C)控制　　　　(D)声音

46. 内存中每一个存储单元都被赋予一个唯一的序号,该序号称作。
 (A)地址 (B)编号 (C)容量 (D)字节
47. 光盘的存储容量很大,一张 CD - ROM 光盘的存储容量大约为。
 (A)150MB (B)650MB (C)20GB (D)75GB
48. 下列不是硬盘驱动器接口电路。
 (A)EISA (B)IDE (C)SCSI (D)EIDE
49. 下列计算机部件中,能直接与 CPU 相连接的是。
 (A)磁盘驱动器 (B)键盘 (C)显示器 (D)内部存储器
50. 下列描述正确的是。
 (A) 激光打印机是击打式打印机
 (B) 软盘驱动器是内存储器
 (C) 操作系统是一种应用软件
 (D) 计算机运行速度可以用每秒执行指令的条数来表示
51. 微型计算机中,运算器、控制器和内存储器的总称是。
 (A)主机 (B)CU (C)CPU (D)ALU
52. 指挥计算机内部各部分之间协调工作的部件是。
 (A)存储器 (B)运算器 (C)控制器 D)输入输出设备
53. 通常人们称一个计算机系统是。
 (A) 硬件和固定件 (B)计算机的 CPU
 (C) 系统软件和数据库 (D)计算机的硬件系统和软件系统
54. 1 兆字节 1M(B) = 。
 (A)1024KB (B)1024K 个二进制位 (C)1000KB (D)1000K 个二进制位
55. 微型计算机 CPU 的主频率主要影响了它的。
 (A)存储容量 (B)运算速度 (C)运算能力 (D)总线宽度

二、多项选择题

1. 影响硬盘存储容量的因素有。
 (A)盘片的旋转速度 (B)字长 (C)柱面数 (D)每磁道扇区数
2. 下面关于计算机程序设计语言的叙述中,正确的是。
 (A)计算机能够直接识别并执行汇编语言程序
 (B)计算机能够直接识别并执行机器语言程序
 (C)高级语言程序经过解释将产生目标程序,而编译不产生目标程序
 (D)高级语言程序经过编译将产生目标程序,而解释不产生目标程序
3. 下面关于信息和数据的说法中,正确的是。
 (A)数据是具体的物理形式抽象出来的逻辑意义
 (B)数据经过处理、组织并赋给一定意义后即可成为信息
 (C)数据是信息的具体物理表示
 (D)信息必须用数据的形式表示

4.下面叙述中,正确的是。
(A)外存上的信息可直接进入 CPU 被处理
(B)键盘和显示器都是 I/O 设备,键盘为输入设备,显示器是输出设备
(C)显示器显示键盘输入的字符时是输入设备,显示程序的运行结果时是输出设备
(D)PC 使用过程中突然断电,RAM 中保存的信息全部丢失,ROM 中保存的信息不受影响
(E)ROM BIOS 芯片中的程序都是计算机制造商写入的,用户不能更改其中的内容
5.计算机的运算速度主要决定于。
(A)字长　　　　(B)软盘容量　　　(C)主频　　　　(D)输入/输出设备速度
(E)存储周期
6.下列哪些是衡量计算机性能的指标。
(A)字长　　　　(B)运算速度　　　(C)字节　　　　(D)内存容量
7.关于微型计算机,正确的说法是。
(A)光盘驱动器属于主机,光盘属于外部设备
(B)系统总线是 CPU 与各部件之间传送各种信息的公共通道
(C)硬盘装在机箱内故属于内存储器
(D)软盘、硬盘均属于外(辅)存储器
(E)微型计算机的所有外部设备都是通过接口电路连接到系统主板上的
8.系统总线是 CPU 与其他部件之间传送各种信息的公共通道,其类型有。
(A)数据总线　　(B)控制总线　　　(C)PCI 总线　　(D)地址总线
9.下列软件中属于操作系统的是。
(A)Word　　　　(B)OS/2　　　　　(C)UNIX　　　　(D)MS-DOS
10.关于计算机软件系统,正确的说法是。
(A)操作系统是软件中最基础的部分,它属于系统软件
(B)系统软件包括操作系统、编译软件、数据库管理系统及各种应用软件
(C)任何程序和数据都可被视为计算机软件
(D)文字处理软件、信息管理软件、辅助设计软件等都属于应用软件
(E)计算机软件系统分为应用软件和系统软件

三、判断题
1.软盘与硬盘的区别之一在于软盘移动方便,硬盘移动不方便。　　　　　　　(　)
2.计算机软件一般包括系统软件和编辑软件。　　　　　　　　　　　　　　　(　)
3.计算机断电后,计算机中 ROM 和 RAM 中信息全部丢失,再次通电也不能恢复。(　)
4.CPU 翻译成中文名字是微处理器。　　　　　　　　　　　　　　　　　　　(　)
5.使用 CD-ROM 能把硬盘上的文件复制到光盘上。　　　　　　　　　　　　(　)
6.对于 PC 机,人们常提到的"Pentium","Pentium IV"指的是 CPU 类型。　　(　)
7.在计算机中,1024B 称为一个 KB。　　　　　　　　　　　　　　　　　　　(　)
8.CPU 的时钟频率是专门用来记录时间的。　　　　　　　　　　　　　　　　(　)
9.CPU 的主要任务是取出指令、解释指令和执行指令。　　　　　　　　　　　(　)

10. 操作系统的功能之一是提高计算机的运行速度。　　　　　　　　　　　　　　（　）
11. 计算机断电后，外存中的信息不会丢失。　　　　　　　　　　　　　　　　（　）
12. CPU 主频越高，计算机的运行速度也越快。　　　　　　　　　　　　　　　（　）
13. 计算机中的所有信息都是以 ASCII 码的形式存储在机器内部的。　　　　　（　）
14. 计算机的存储器可以分为 RAM 和内存两类。　　　　　　　　　　　　　　（　）
15. 一台完整的计算机硬件是由控制器、存储器、输入设备和输出设备组成的。（　）
16. 微型计算机的微处理器主要包括运算器和控制器。　　　　　　　　　　　　（　）
17. 计算机中用来表示存储空间大小的最基本单位是位 bit。　　　　　　　　　（　）
18. 计算机的性能指标"字长"表示内存储器的容量。　　　　　　　　　　　　（　）
19. 磁盘一经格式化，其中存放的所有数据都将丢失。　　　　　　　　　　　　（　）
20. 接口是位于外存或 I/O 设备与微机总线之间，提供信息转换和缓冲功能，使技术性能差别很大的多种外部设备都能方便地接到总线上。　　　　　　　　　　　　（　）

四、简答题

1. 操作系统的主要任务是什么？常见的操作系统有哪些？
2. "死机"（排除病毒）的含义是什么？怎样使机器运转正常起来？
3. 机器语言、汇编语言、高级语言各有什么特点？
4. 给软盘加上写保护的含义是什么？
5. 计算机与计算器的主要差别是什么？

项目二　中文 Windows 7 操作系统

技能拓展一　中文 Windows 基本知识

一、单项选择题

1. 在 Windows 环境下,右击桌面上的一个对象时,。
(A)弹出该对象所对应的快捷菜单　　　(B)打开该对象
(C)关闭该对象　　　　　　　　　　　(D)无任何反应

2. 用鼠标把一个文件拖到回收站,则。
(A)复制该文件到回收站　　　　　　　(B)删除该文件,且不能恢复
(C)删除该文件,但是可以恢复　　　　(D)系统提示"执行非法操作"

3. 以下关于操作系统的说法错误的是。
(A)按运行环境将操作系统分为实时操作系统、分时操作系统和批处理操作系统
(B)分时操作系统具有多个终端
(C)实时操作系统是对外来信号及时做出反应的操作系统
(D)批处理操作系统指利用 CPU 的空余时间处理成批的作业

4. MS_DOS 是基于的操作系统。
(A)多用户多任务　(B)单用户多任务　(C)多用户单任务　(D)单用户单任务

5. 目前,微软推出的最新 Windows 7 是位操作系统。
(A)32　　　(B)64　　　(C)8　　　(D)16

6. Windows 7 是一种操作系统。
(A)单任务字符方式　　　　　　　　　(B)单任务图形方式
(C)多任务字符方式　　　　　　　　　(D)多任务图形方式

7. 下列关于操作系统的叙述,正确的是。
(A)操作系统是源程序开发系统　　　　(B)操作系统用于执行用户键盘操作
(C)操作系统是系统软件的核心　　　　(D)操作系统可以编译高级语言程序

8. 在 Windows 7 中,画图、记事本等应用程序,一般情况在"开始"菜单的程序组下找到。
(A)"程序"→"附件"　(B)"程序"→"启动"　(C)"设置"→"附件"　(D)"运行"

9. Windows 7 启动时按键,是以安全模式启动 Windows。
(A)F2　　　(B)F5　　　(C)F6　　　(D)F8

10. 系统启动后,操作系统常驻。
(A)硬盘　　　(B)内存　　　(C)外存　　　(D)CPU

11. Windows 7 是一个多任务操作系统,这是指。
(A)它可以用不同身份访问　　　　　　(B)它可以管理许多外设和内部程序

(C)它可以同时运行多个应用程序　　　(D)它的效率很高

12. Windows 系统操作的特点是。
(A)将操作项拖到对象　　　　　　　(B)选择操作项,后选择对象
(C)提示选择操作项及对象　　　　　(D)先选择对象,后选择操作项

13. 以下关于 Windows 的叙述中,错误的是。
(A)在 Windows 屏幕上一次可以显示多个窗口
(B)Windows 可以打开多个活动窗口
(C)Windows 屏幕可同时显示多个图标
(D)Windows 窗口中可以有多个窗口

14. 一个应用程序的快捷方式被创建在桌面上,如果从桌面上把这个快捷方式删除,则正确的说法是。
(A)该应用程序不会被删除
(B)该应用程序将被删除
(C)该应用程序可被删除,但可从"回收站"恢复
(D)系统将询问"是否将该应用程序删除"

15. 要使 Windows 每次启动时自动执行一个应用程序,只需把这个应用程序的放在"启动"文件夹中。
(A)程序名　　(B)快捷方式　　(C)文件夹　　(D)说明文件

16. 以下窗口中,不能移动。
(A)应用程序窗口　　(B)文档窗口　　(C)已最大化的窗口　　(D)"回收站"窗口

17. 双击某窗口标题栏,可使该窗口。
(A)最大化　　(B)最小化　　(C)关闭　　(D)移动

18. 双击某对象图标,可以。
(A)最大化窗口　　(B)更改对象名称　　(C)打开该对象　　(D)隐藏该对象

19. 双击一个已选择的程序图标名称时。
(A)可运行该程序　　　　　　　　(B)可更改程序名
(C)不产生任何动作　　　　　　　(D)打开该程序的快捷菜单

20. 在 Windows 系统中单击"开始"按钮后,会看到"开始"菜单中包含一组命令,其中"程序"项的作用是。
(A)显示可运行程序的清单　　　　(B)表示要开始编写程序
(C)表示开始执行程序　　　　　　(D)显示网络传送来的最新程序的清单

21. 单击窗口最小化按钮时,窗口将。
(A)在任务栏上生成图标　　　　　(B)窗口将被关闭
(C)出现一个快捷菜单　　　　　　(D)在桌面上消失

22. 在 Windows 7 中,当某一菜单命令后有"…"时,如果执行该菜单。
(A)会弹出一个对话框　　　　　　(B)有下一级子菜单
(C)不能执行　　　　　　　　　　(D)可用省略号当作快捷键

23. 在 Windows 环境中,单击一个被选中的复选框,结果是。
(A)选中该项的二级功能　　(B)选中该项　　(C)该选项不选　　(D)该项失去意义
24. 在 Windows 7 中,用户想获得应用程序的帮助信息,可。
(A)单击右键菜单的帮助选项　　　　(B)按 F2 键
(C)单击帮助菜单的相关选项　　　　(D)选"开始"按钮"帮助"菜单
25. 在 Windows 中,快捷方式图标实际上是。
(A)应用程序文件本身　　　　(B)指向应用程序文件
(C)应用程序文件的副本　　　　(D)以上都不对
26. 在 Windows 7 中,输入法程序的安装和删除应该在中进行。
(A)"附件"组　　(B)输入法生成器　　(C)状态栏　　(D)控制面板
27. 在 Windows 7 中,关于屏幕保护程序,下列说法不正确的是。
(A)开机状态下,用户在一段指定时间内没用计算机时,屏幕将出现用户设置的图案
(B)它可以减少屏幕的损耗
(C)它将节省计算机内存
(D)它可以设置口令
28. 在 Windows 7 中,若要设置鼠标的左右手使用习惯,应该在中设置。
(A)桌面属性　　　　　　　(B)"程序"菜单中的"附件"子菜单
(A)任务栏　　　　　　　　(D)控制面板
29. 记事本程序可用来编辑扩展名是的文件。
(A).txt　　(B).com　　(B).exe　　(D).bmp
30. 画图程序可用来编辑扩展名为文件。
(A).txt　　(B).com　　(C).exe　　(D).bmp
31. 双击扩展名为 AVI 的文件(音视频文件)后,Windows XP 将打开窗口。
(A)CD 播放器　　(B)媒体播放器　　(C)附件　　(D)声音-录像机
32. 在中文 Windows 7 中,若要进行中英文标点切换,正确的操作应该是。
(A)按 Ctrl + 空格;　　　　　　(B)鼠标单击输入法状态框最左边按钮
(C)鼠标单击输入法状态框的键盘按钮　　(D)鼠标单击输入法状态框的标点符号按钮
33. 控制面板可以管理的功能有。
(A)键盘语言和布局　　(B)打印机的安装　　(C)桌面外观的设置　　(D)以上都可以

技能拓展二　中文 Windows 7 资源管理器

一、单项选择题

1. 可通过　　查看计算机上的硬件资源。
(A)在"开始"菜单的"程序"命令中　　　　(B)打开"我的电脑"
(C)在"控制面板"中双击"系统"图标　　　(D)右击桌面空白处选择"属性"命令

2. 一般情况下，第一次启动 Windows 7 后，桌面上不会显示　　图标。
(A) 回收站　　(B)资源管理器　　(C)我的电脑　　(D)我的文档

3. 双击"回收站"中的文件图标，则　　。
(A) 系统会打开该文件　　　　　(B)该文件将被彻底删除
(C)弹出该文件的属性对话框　　(D) 可查看该对象属性

4. 文件类型是根据　　来识别的。
(A) 文件的存放位置　　(B)文件的大小　　(C)文件的用途　　(D) 文件的扩展名

5. 下列直接删除而不进入回收站的操作，正确的是　　。
(A)选定文件后，同时按下 Ctrl + Delete 键
(B)选定文件后，同时按下 Shift + Delete 键
(C)选定文件后，同时按下 Alt + Delete 键
(D)选定文件后，先按下 Enter 键，再按 Delete 键

6. 在 Windows 7 资源管理器中，要查看磁盘的总容量、已用空间和可用空间等磁盘信息，通常可选择　　菜单下的"属性"功能。
(A) 文件　　　(B) 编辑　　　(C)查看　　　(D)工具

7. 在 Windows 7 中，当桌面上有多个窗口时，　　是当前窗口。
(A)可以有多个窗口　　　　　(B)只有一个固定窗口
(C)被其他窗口盖住的窗口　　(D) 一个标题栏的颜色与众不同的窗口

8. 关于文件的含义，比较恰当的说法应该是　　。
(A)记录在存储介质上的按名存取的一组相关信息的集合
(B)记录在存储介质上按名存取的一组相关程序的集合
(C)记录磁带上的按名存取的一组相关信息的集合
(D)记录磁盘上按名存取的一组相关程序的集合

9. 在 Windows 7 的"资源管理器"中，选择　　查看方式可以显示文件的"大小"与"修改时间"。
(A)大图标　　　(B)小图标　　　(C)列表　　　(D)详细资料

10. 下列关于文件结构论述中，错误的是　　。
(A)每个子文件夹都有一个"父文件夹"（或上一层文件夹）
(B)每个子文件夹都可以包含"子文件夹"和文件
(C)每个文件夹都有一个唯一的名字

(D)文件夹不能重名

11. 以下关于 Windows 7 文件名的叙述,错误的是。
(A)文件名允许使用汉字　　　　　(B)文件名中允许使用多个圆点分隔符
(C)文件名中允许使用空格　　　　(D)文件名中允许使用竖线"|"

12. 在 Windows 7 中,当按住 Ctrl 键,再用鼠标左键将选定的文件从源文件夹拖放到目的文件夹时,下面叙述正确的是。
(A)无论源文件夹和目的文件夹是否在同一磁盘内,均实现复制
(B)无论源文件夹和目的文件夹是否在同一磁盘内,均实现移动
(C)若源文件夹和目的文件夹在同一磁盘内,将实现移动
(D)若源文件夹和目的文件夹不在同一磁盘内,将实现移动

13. 在 Windows 7 的"资源管理器"窗口中,如果想一次选定多个分散的文件或文件夹,正确的操作是。
(A)按住 Ctrl 键,用鼠标右键逐个选定　　(B)按住 Ctrl 键,用鼠标左键逐个选定
(C)按住 Shift 键,用鼠标右键逐个选定　(D)按住 Shift 键,用鼠标左键逐个选定

14. 在"开始"菜单的选项中包含了最近打开过的文档文件名,单击其中的文件名即可打开相应的文档。
(A)"附件"　　　(B)"程序"　　　(C)"查找"　　　(D)"文档"

15. 在"资源管理器"的左窗格(目录树区)中,如果文件夹图标的前面没有任何符号,则表示该文件夹。
(A)不含有下级子文件夹　　　　　(B)不含有文件
(C)含有下级子文件夹,但没有打开　(D)含有下级文件夹,并且已展开

16. 在"资源管理器"中,不小心把一个文件拖到另一个文件夹中,为了取消该操作,应该。
(A)立即关机
(B)右击没有图标的地方,在弹出的快捷菜单中选择"撤销移动"选项
(C)关闭"资源管理器"窗口,然后重新打开
(D)右击文件图标,在弹出的快捷菜单中选择"删除"选项

17. 可以确定一个文件的存放位置。
(A)文件名称　　(B)文件属性　　(C)文件大小　　(D)文件路径

18. 在 Windows 7 中,切换窗口的快捷键是。
(A)Shift + Tab　(B)Ctrl + Alt　(C)Alt + Tab　(D)Shift + Alt

19. 在 Windows 7 中打开菜单可以用键配合各菜单名右边的英文字母。
(A)Ctrl　　　　(B)Alt　　　　(C)Shift　　　　(D)Tab

20. 在 Windows 7 中,下面不能存储在剪贴板上。
(A)声音　　　　(B)文件夹　　　(C)图像　　　　(D)应用程序

21. 在 Windows 7 中,复制整个屏幕的快捷键是。
(A)Print Screen　(B)Ctrl + C　(C)Back Space　(D)Shift + Print

22. 在 Windows 7 中,复制当前活动窗口的快捷键是。
(A)Print Screen　(B)Ctrl + C　(C)Back Space　(D)Alt + Print

23. 多次使用剪贴板后,剪贴板上的内容是。
(A) 全部内容的总和 (B) 不能确定
(C) 最后两次的内容 (D) 最近一次的内容

24. 下列关于在 Windows 7 下搜索文件或文件夹的说法,不正确的是。
(A) 可以根据文件的修改日期进行查找
(B) 可以根据文件的只读属性进行查找
(C) 可以根据文件的内容进行查找
(D) 可以根据文件的大小进行查找

25. 以下系统工具,可以检查、诊断和修复各种类型的磁盘损坏的错误。
(A) 磁盘扫描程序 (B) 磁盘空间管理程序
(C) 磁盘碎片整理程序 (D) 备份程序

26. 在 Windows 7 中,下面不是创建快捷方式的方法。
(A) 找到应用程序文件后,点右键选择"创建快捷方式"
(B) 找到应用程序文件后,拖到桌面上
(C) 在 Windows98 桌面上,点右键选择"创建快捷方式"
(D) 打开应用程序后,点右键选择"创建快捷方式"

27. 在 Windows 7 中,剪贴板是 。
(A) 高速缓存中的一块区域 (B) 一个记事本文件
(C) 一块临时存储区 (D) 一个模板

28. 在 Windows 7 的帮助窗口中,"索引"命令可。
(A) 按分类浏览主题 (B) 搜索关键字
(C) 分类查找主题 (D) 弹出 Office 助手

29. 下面不会出现在资源管理器窗口的左窗格内。
(A) 我的电脑 (B) 我的文档 (C) 打印机 (D) 文件检索

30. 在资源管理器中,想要按文件大小排序,操作应应该是。
(A) 鼠标单击右窗格的"名称"列标题
(B) 单击"查看"按钮的详细资料选项
(C) 鼠标单击右窗格的"大小"列标题
(D) 单击"查看"按钮的小图标选项

31. 在 Windows 7 环境下,以下关于格式化描述中,是不正确的。
(A) 只能对软盘格式化,硬盘不能被格式化
(B) 格式化磁盘将擦除其中的内容
(C) 完全格式化会报告磁盘中损坏的扇区
(D) 快速格式化时不能检查软盘中是否有损坏的扇区

32. 在 Windows 资源管理器中,要连续选择多个文件的操作是:。
(A) 单击第一个文件后,按住 Shift 键,再单击最后一个文件
(B) 单击第一个文件后,再单击最后一个文件
(C) 单击第一个文件后,按住 Ctrl 键,再单击最后一个文件

(D)单击第一个文件后,再双击最后一个文件
33. 在 Windows 资源管理器中,复制文件的操作是。
(A)按住 Shift 键,先选中要复制的文件,再单击"粘贴"按钮
(B)选中要复制的文件,单击"粘贴"按钮
(C)按住 Ctrl 键,选中要复制的个文件,再单击"粘贴"按钮
(D)选中要复制的文件,单击"复制"按钮,再打开目标文件夹,单击"粘贴"按钮

二、多项选择题
1. 在 Windows 中,桌面是指。
(A)电脑桌   (B)活动窗口
(C)窗口、图标和对话框所在的屏幕背景   (D)A、B 均不正确
2. 在控制面板窗口的"添加/删除程序"中能实现的功能是。
(A)格式化磁盘   (B)添加、删除 Windows 组件
(C)创建 Windows 启动盘   (D)设置 Windows 应用程序属性
3. 以下可以浏览所有文件和文件夹的组件是。
(A) 我的电脑   (B)控制面板   (C)网上邻居   (D) 资源管理器
4. 下列是所有窗口共同拥有的。
(A) 关闭按钮   (B)标题   (C)控制按钮   (D) 窗口菜单
5. 在优盘处于写保护状态下,以下命令中可以实现的有。
(A) 显示优盘中某文件 LX.doc 的内容   (B)在软盘上建立文件夹 K1
(C)格式化优盘   (D)将软盘中所有的内容复制到 D 盘
6. 在 Windows 环境下,从理论上说可以运行的文件有。
(A) LX1.EXE   (B)LX1.TXT   (C)LX1.COM   (D)LX1.BAT
7. 在 Windows XP 中可以运行多个应用程序,切换同时打开的几个程序窗口的操作方法有。
(A)单击任务栏上的程序按钮   (B)单击"应用程序"窗口的任何部分
(C)按 Ctrl + Esc 键   (D)按 Alt + Tab 键
8. 以下叙述正确的是。
(A)操作系统是微型计算机中不可缺少的软件
(B)操作系统的功能就是管理磁盘文件
(C)操作系统的主要功能是控制和管理计算机的硬件和软件系统资源
(D)操作系统属于计算机应用软件
9. 在"任务栏和开始菜单属性"对话框中,"高级"选项卡中不可以设置的项目有。
(A)自定义"开始"菜单   (B)自定义桌面背景
(C)清除"文档"菜单内容   (D)清空"回收站"
10. 在 Windows 7 中,以下有关"网上邻居"操作的叙述,不正确的是。
(A)通过"网上邻居",可以访问网络中其他计算机中的共享文件夹
(B)要通过"网上邻居"复制某计算机上的文件,应将该文件设置为共享
(C)若某个计算机中仅对"C:\K1"设置了共享,则用户可以利用"网上邻居"直接把 K1

文件夹复制到本地计算机上

(D)若某个计算机中仅对"C:\K1"设置了共享,则用户可以在本地计算机上,将K1文件设置为映射网络驱动器

11. 可以用来设置显示器的分辨率、桌面背景、窗口外观等属性的操作是
(A)右击桌面空白处,在弹出的快捷菜单中选择"属性"选项
(B)右击任务栏空白处,在弹出的快捷菜单中选择"属性"选项
(C)在"控制面板"窗口中双击"显示"图标
(D)在"资源管理器"窗口中,先在左窗格(目录树窗格)中选定"桌面",再单击工具栏中的"属性"按钮

12. 在中都可以找到"控制面板"应用程序。
(A)"我的电脑"窗口　　　　　　　(B)"资源管理器"窗口
(C)"开始"菜单的"设置"选项　　　 (D)桌面

13. 以下概念错误的是。
(A)应用程序最大化后将铺满整个桌面
(B)在某台计算机的C盘下允许出现同名文件
(C)在Windows中,可以对文件改名,也可以对文件夹改名
(D)在使用DOS内部命令时,必须先将内部命令装入内存才可使用

14. 安装应用程序的途径有。
(A)在资源管理器中进行
(B)使用"开始"菜单中的"程序"命令
(C)使用"开始"菜单中的"运行"命令
(D)使用"控制面板"中的"添加/删除程序"

15. 在Windows中,回收站用来暂时存放被删除的文件或其他项目。下列操作中能使文件恢复的是。
(A)选择一个文件,使用"文件"菜单的"还原"命令
(B)选择文件,使用"剪切"命令,然后到资源管理器中使用"粘贴"命令
(C)选择文件,使用"查看"菜单的"刷新"命令
(D)双击该文件名

三、填空题

1. 在异常情况下,当应用程序不再响应用户的操作时,按组合键_____+_____+_____将弹出"关闭程序"对话框,通过对话框退出指定的应用程序。

2. 若下拉菜单的命令项为浅灰色,表示该命令项_____。

3. 选择多个不相邻的文件或文件夹的方法是:按下_____键,再用鼠标逐个单击各文件或文件夹。选择多个相邻的文件或文件夹的方法是:单击第一个文件或文件夹,然后按下_____键并单击最后一个文件或文件夹。

4. 按住_____键并拖动文件,将把一个文件复制到指定位置。

5. 按住_____键并拖动文件,将把一个文件移动到指定位置。

6. 在"资源管理器"窗口执行菜单_____→_____→_____命令，在对话框中单击"隐藏已知文件类型的扩展名"前的_____，可以设置显示/不显示文件的扩展名。

7. 在 Windows 7 环境中，选择了 C 盘上的文件后，按 Delete 键并没有真正删除这些文件，而是将这些文件移到了_____中。

8. 在 Windows 7 的附件中用"画图"软件绘制的图形，保存时默认扩展名为_____。

9. 应用程序窗口中工具栏上的每一个按钮都代表一个_____。

10. 单击对话框中的"取消"按钮与按_____键的作用是一样的。

11. 文件包含_____、_____两部分，_____表示文件类型。

12. 快速格式化选项只能用于已经_____的磁盘，它删除磁盘上的所有文件但不_____。

13. 操作系统的主要作用是管理系统资源，这些资源包括_____和_____。

14. _____和_____是用于文件和文件夹管理的两个应用程序，利用它们可以显示文件夹的结构和文件的详细信息。

15. 控制面板集中了 Windows 7 用来配置系统的_____，可以用来对计算机的硬件，如键盘、鼠标等进行配置，也可以对软件进行配置。

16. Windows 是图形化的工作环境和用户界面，其主要手段是利用_____、_____、按钮及_____组成的窗口画面与用户交流。

四、判断题

1. 在 Windows 环境中，文件名 text.doc 和 TEXT.doc 是不同的文件名。（　　）
2. "开始"菜单包含了 Windows 7 的全部功能。（　　）
3. 在"开始"菜单中选择"关机"命令后，单击鼠标左键可以取消刚才的操作。（　　）
4. 屏幕保护程序可以保护电脑显示器，延长显示器使用寿命。（　　）
5. 在任何情况下，只要拖动打开窗口的活动标题栏就可以移动窗口。（　　）
6. 格式化磁盘将删除其中的所有信息。（　　）
7. 通配符"*"的含义是任意一个字符。（　　）
8. 通配符"?"的含义是任意多个字符。（　　）
9. 桌面包含系统的所有资源，桌面是整个树状结构的树根。（　　）
10. 文件是按一定格式建立在外存上的一批信息的有序集合。（　　）
11. 写字板是字处理软件，不能插入图形。（　　）
12. 在资源管理器中选定了文件或文件夹后，按下 Shift 键的同时拖动鼠标，可以将选定的文件复制到同一驱动器的文件夹中。（　　）
13. 在资源管理器中左侧的一些图标前有"－"，"－"表示本文件夹以下的各级子文件夹均已展开。（　　）
14. 在 Windows 的"我的电脑"中，使用"文件"菜单的"工具栏"命令，可以显示或关闭工具栏。（　　）
15. 硬件配置相同的计算机，桌面外观可以不一样。（　　）

16. 如果在桌面上看不到任务栏,说明 Windows 7 系统出错,不能使用。   （ ）
17. 在 Windows 中,任务栏的位置和大小可以由用户改变。   （ ）
18. 在 Windows 中,欲打开最近使用的文档,可以单击"开始"按钮,然后指向"文档"命令。
                                                                （ ）
19. 如果把一个程序的快捷方式放在"启动"文件夹中,每次启动 Windows 7 时,系统将
    自动执行该程序。   （ ）
20. "资源管理器"中的"删除"命令和"剪切"命令功能完全一样,都是删除已选择的文
    件或文件夹。   （ ）
21. "附件"文件夹是 Windows 7 必不可少的组成部分。   （ ）
22. 记事本程序可以用来建立、查看、编辑和打印短小的无格式纯文本文件。   （ ）
22. 用"记事本"和"写字板"建立的文件,默认扩展名都是.txt。   （ ）
23. 一个应用程序只能与某一类型的文件建立关联。   （ ）
24. 由于 Windows 7 的多任务特性,可以使人们用计算机一边编辑文字,一边播放 CD 音乐。
                                                                （ ）
25. 如果将"应用程序"窗口最小化,该应用程序将停止运行。   （ ）
26. 在 Windows 7 中用查找功能查找文件或文件夹不能使用"?"和"*"通配符。   （ ）
27. 硬盘上的文件被删除后,仍然占用磁盘空间,必须"清空回收站"才能释放出被占用
    的磁盘空间。   （ ）
28. "资源管理器"和"我的电脑"都可以完成对文件的管理和操作。   （ ）
29. 用"画图"程序绘制的图画可以通过剪贴板传送到"写字板"建立的文档中。   （ ）
30. 在联机帮助系统中,只要在"索引"对话框中输入所需查询的关键词,系统会自动搜
    索与关键词有关的帮助内容。   （ ）

项目三 中文文字处理系统 2010

技能拓展一 Word 的基本概念

一、单项选择题

1. 下面是退出 Word 的方法。
   (A) Ctrl + F4　　(B) Alt + F4　　(C) Alt + F　　(D) Esc
2. Word 中，在任何时候想得到关于当前打开菜单或对话框处内容的帮助信息，可。
   (A) 按 F1 键　　(B) 按 F2 键　　(C) 查找菜单　　(D) 单击工具栏相应按钮
3. Word 是软件包中的一个组件。
   (A) Microsoft Office　　(B) WPS Office　　(C) CAI　　(D) Internet Explorer
4. Word 中显示有页号、节号、页数、总页数等信息的是。
   (A) 常用工具栏　　(B) 菜单栏　　(C) "格式"工具栏　　(D) 状态栏
5. 在 Word 中，当前打开文档的文件名可以在获得。
   (A) 标题栏　　(B) 工具栏　　(C) 状态栏　　(D) 菜单栏
6. 在 Word 中打开菜单可以用键配合各菜单名旁带下划线的字母。
   (A) Ctrl　　(B) Alt　　(C) Shift　　(D) Tab
7. 在 Word 中，菜单命令的快捷键一般在可以查到。
   (A) 菜单名旁带下划线的字母　　(B) 单击鼠标右键出现的字母
   (C) 菜单命令的右边　　(D) "工具"菜单下的"选项"中找到
8. 在 Word 中，如果要不显示工具栏，可选择菜单下的功能。
   (A) 工具　　(B) 插入　　(C) 视图　　(D) 窗口
9. 在 Word 菜单命令旁带"…"表示。
   (A) 该命令当前不能执行　　(B) 执行该命令会弹出一对话框
   (C) 该命令已被执行　　(D) 该命令有附加子菜单
10. 在 Word 中，当某菜单命令呈浅灰色，这表示该命令。
    (A) 处于可执行状态　　(B) 无法执行
    (C) 正处于编辑状态　　(D) 已显示在屏幕上
11. 启动 Word 后，系统自动建立一个名为的文档。
    (A) 文档 1　　(B) *　　(C) DOC　　(D) WPS
12. 在 Word 中各种常用的命令操作，最简单的方法是使用。
    (A) 鼠标　　(B) 键盘　　(C) 菜单　　(D) 工具栏上的按钮
13. 在 Word 下，增加一个工具栏的方法是。
    (A) 在工具栏上单击鼠标右键进行选取

(B)在"插入"菜单下的"对象"中设置
(C)在"工具"菜单下的"工具栏"中设置
(D)选择"视图"菜单下的"页面"

14. 在 Word 中,以下 4 条叙述正确的是。
(A)标题栏中不能显示当前所编辑的文档名称
(B)Word 中的操作都可以通过选择菜单栏中的命令来完成
(C)"常用"工具栏不能被隐藏起来
(D)标尺可以用来确定插入点在编辑区中的位置

15. 在 Word 中,常用工具栏上没有的按钮是。
(A)表格和边框工具栏　(B)窗体工具栏　(C)绘图工具栏　(D)Web 工具栏

16. 在 Word 中,要从屏幕上去掉标尺,按下列方法做。
(A)用右键单击标尺,在菜单中单击它
(B)取消"视图"菜单下的"标尺"的选定
(C)将它拖出屏幕
(D)双击标尺

17. 在 Word 中要隐藏文档滚动条,可通过。
(A)"文件"菜单下的"属性"　　　　(B)"工具"菜单下的"修订"
(C)"工具"菜单下的"自定义"　　　(D)"工具"菜单下的"选项"

18. 在 Word 中状态栏位于。
(A)窗口的底部　　　　　　　　　　(B)窗口的左下脚
(C)窗口的左侧　　　　　　　　　　(D)可在窗口的任意位置

19. 在 Word 中,当前光标的位置参数显示于。
(A)状态栏中　　　　　　　　　　　(B)"工具"菜单下的"选项"中
(C)屏幕的右侧　　　　　　　　　　(D)"文件"菜单下的"属性"中

20. 要想输入文档内容,这时在 Word 窗口的工作区里,闪烁的小垂直条表示。
(A)光标位置　　(B)按钮位置　　(C)鼠标图标　　(D)拼写错误

二、多项选择题

1. 在 Windows 环境下,以下操作可以启动 Word 。
(A)双击桌面上的"我的文档"图标
(B)双击桌面上的任务栏的空白处
(C)依次单击"开始"→"程序"→Microsoft Word 命令
(D)双击桌面上的 Microsoft Word 快捷方式图标

2. 在 Word 中,以下操作可以退出 Word 。
(A)单击窗口右上角的"关闭"按钮
(B)按 Alt + F4 组合键
(C)单击"文件"菜单中的"退出"命令
(D)单击"常用"工具栏上的"保存"按钮

3. 在已安装 Word 的 Windows 系统中，以下操作可以打开 Word 文档。
(A) 右击某一文件夹中的 Word 文档，然后选择快捷菜单中的"打开"命令
(B) 启动 Word 后，使用"文件"菜单中的"打开"命令，选择 Word 文档之后，单击"打开"按钮
(C) 双击某一文件夹中的 Word 文档
(D) 启动 Word 后，单击"常用"工具栏中的"打开"按钮，选择 Word 文档后，单击"打开"按钮

4. 在 Word 中，进行插入和改写方式切换的方法有。
(A) 单击状态栏中"改写"字样　　　　(B) 按 Delete 键
(C) 双击状态栏中的"改写"字样　　　(D) 按 Insert 键

5. 在 Word 中删除文本中的某个字符，方法有。
(A) 把插入点移动到要删除的字符前，按 Back Space 键
(B) 把插入点移动到要删除的字符前，按 Delete 键
(C) 把插入点移动到要删除的字符后，按 Back Space 键
(D) 把插入点移动到要删除的字符后，按 Delete 键

三、思考题

第 1 题 "I"型光标与插入点是一个概念吗？
第 2 题 如何知道当前编辑状态是插入方式还是改写方式？
第 3 题 何谓"软键盘"？

技能拓展二　Word 文档的基本操作

一、单项选择题

1. 在 Word 中，新建一个文档，可以通过。
(A) 单击新建按钮　　　　　　　　　(B) "文件"菜单下的"打开"命令
(C) 快捷键 Shift + N　　　　　　　　(D) 以上都可以

2. 如果要按一定的模板新建 Word 文档，应通过。
(A) 工具栏按钮方法　　　　　　　　(B) 菜单方法
(C) 快捷键方法　　　　　　　　　　(D) 以上都可以

3. 在 Word 的编辑状态中，打开一个文档，进行"保存"操作后，该文档。
(A) 被保存在原文件夹下　　　　　　(B) 可以保存在已有的其他文件夹下
(C) 可以保存在新建文件夹下　　　　(D) 保存后被关闭

4. 在 Word 文档中，将光标直接移到文档头的快捷键是。
(A) PgUp　　　(B) End　　　(C) Ctrl + Home　　　(D) Home

5. 在 Word 文档中，将光标直接移到文档尾的快捷键是。
(A) PgUp　　　(B) End　　　(C) Ctrl + End　　　(D) Home

6. 在 Word 文档中，将光标直接移到本行行首的快捷键是。
(A) PgUp　　　(B) End　　　(C) Ctrl + Home　　　(D) Home

7. 在Word中,如果我们想输入一些特殊的符号,可选择菜单下的功能。
(A)工具　　　(B)编辑　　　(C)格式　　　　　　(D)插入

8. 在Word中,为了选择一个完整的段落,应把鼠标指针移到行的左侧,出现向右箭头后再。
(A)单击鼠标的左键　　　　　(B)双击鼠标的左键
(C)单击鼠标的右键　　　　　(D)按住鼠标右键拖动

9. 在Word中,要查看文章的行数、段落数,可通过菜单进行。
(A)"文件"下的"属性"　　　(B)"编辑"下的"查找"
(C)"格式"下的"段落"　　　(D)"工具"下的"选项"

10. 在Word中,如果想要设置定时自动保存,应选择功能。
(A)"文件"菜单下的"属性"　　(B)"工具"菜单下的"修订"
(C)"工具"菜单下的"自定义"　(D)"工具"菜单下的"选项"

11. 在中文Word中保存文件时,缺省的文件名后缀是。
(A)DOT　　　(B)RTF　　　(C)DOC　　　(D)TXT

12. 在Word环境中,"文件"菜单底部所显示的文件名是。
(A)正在使用的文件名　　　　(B)正在打印的文件名
(C)扩展名为.DOC的文件名　(D)最近被Word处理过的文件名

13. 在Word的编辑状态下复制内容后,执行"编辑"菜单中的"粘贴"命令时。
(A)被选择的内容移到插入点处　　(B)被选择的内容移到剪贴板中
(C)剪贴板中的内容移到插入点处　(D)剪贴板中的内容复制到插入点处

14. Word可以打开类型的文件。
(A)RTF格式　　(B)GIF格式　　(C)BMP格式　　(D)PCX格式

15. 使用Word时,当同时打开多个文档后,同一时刻有个是当前文档。
(A)最多2个　　(B)4　　　　(C)无限制　　　(D)1

16. 若要进入页眉和页脚编辑区,可以单击菜单,再选择"页眉和页脚"命令。
(A)文件　　　(B)视图　　　(C)格式　　　　(D)编辑

17. 在Word的编辑状态打开一个文档,对文档修改后,进行"关闭"文档操作时。
(A)弹出对话框,询问是否保存对文档的修改
(B)文档不能关闭,并提示出错
(C)文档被关闭,并自动保存修改后的内容
(D)文档被关闭,修改后的内容不保存

18. 在Word中,用下列方法可以将另一个文件拷贝到当前文件中。
(A)在当前文件中打开另一个文件即可
(B)利用"插入"菜单下的"文件"选项
(C)利用"窗口"菜单下的"新建窗口"选项
(D)利用"文件"菜单下的"另存为"选项

19. 在Word中,通过键和方向键的配合,可以连续选取一段文字。
(A) Ctrl　　　(B) Alt　　　(C) Shift　　　(D) Esc

20. 在 Word 中，单击屏幕文本区外空白处，可选文本内容。
(A)左侧　　　　(B)右侧　　　　(C)上方　　　　(D)下方

21. 在 Word 窗口中的文档内选取一行的操作是。
(A)将鼠标指针指向该行，并单击鼠标左键
(B)将鼠标指针指向该行，并双击鼠标左键
(C)将鼠标指针指向该行外的最左端，并单击鼠标左键
(D)将鼠标指针指向该行，并单击鼠标右键

22. 使用"常用"工具栏的按钮，可以直接进行的操作是。
(A)嵌入图片　　(B)插入表格　　(C)插入艺术字　　(D)段落首行缩进

23. 在 Word 窗口中的文档内选定整个文档的操作是。
(A)将鼠标指针指向该段，并单击鼠标左键
(B)将鼠标指针指向该行，并双击鼠标左键
(C)将鼠标指针指向该行外的最左端，按下 Ctrl 键，并单击鼠标左键
(D)将鼠标指针指向该行外的最左端，并双击鼠标左键

24. 在 Word 文档中选中一段文字后，按键可将该内容复制。
(A)Ctrl + A　　(B)Ctrl + V　　(C)Ctrl + C　　(D)Ctrl + F

25. 在 Word 中，如果偶然删除了部分文本内容，用下列方法可以恢复。
(A)在文档中再输入　(B)Ctrl + Y　(C)Ctrl + Z　(D)选择"工具"菜单下的"修订"

26. 在 Word 文档操作中，移动一段文本内容的操作步骤是。
(A)选取、复制、粘贴　　　　　　(B)选取、剪切、粘贴
(C)选取、剪切、复制　　　　　　(D)选取、粘贴、复制

27. 在 Word 文档操作中，复制一段文本内容的操作步骤是。
(A)选取、复制、粘贴　　　　　　(B)选取、剪切、粘贴
(C)选取、剪切、复制　　　　　　(D)选取、粘贴、复制

28. 在 Word 文档操作中，复制与剪贴的区别在与。
(A)复制后，原文本仍在原处　　　(B)二者的操作不类似
(C)复制能再次粘贴　　　　　　　(D)剪贴只能粘贴一次

29. 在 Word 的编辑状态下时，按键来删除光标前一个的字符。
(A)Backspace　　(B)Insert　　(C)Home　　(D)End

30. 在 Word 中，按键可删除光标后面的一个字符。
(A)Backspace　　(B)Insert　　(C)Delete　　(D)End

31. 在 Word 中，撤消操作可以按快捷键来恢复以前的操作。
(A)Ctrl + Z　　(B)Ctrl + Y　　(C)Ctrl + C　　(D)Alt + V

32. 在 Word 文本编辑状态中，重复操作可以按快捷键。
(A)Ctrl + Z　　(B)Alt + C　　(C)Ctrl + Y　　(D)Alt + Z

33. 在 Word 中，将已选文本内容删除的快捷键是。
(A)Ctrl + C　　(B)Ctrl + Z　　(C)Ctrl + X　　(D)Ctrl + Y

34. 在 Word 文本编辑状态中,重复操作实际上是。
 (A) 对以前操作的多次重复　　　(B) 恢复到上次文档保存的状态
 (C) 重复上一步的操作　　　　　(D) 再一次的粘贴操作
35. 在 Word 中,删除、复制、移动等操作都可以用菜单下的命令来完成。
 (A) 插入　　　　(B) 编辑　　　　(C) 格式　　　　(D) 视图

技能拓展三　Word 文档编辑和显示

一、单项选择题
1. Word 在菜单中提供了查找与替换功能。
 (A) 编辑　　　　(B) 文件　　　　(C) 视图　　　　(D) 工具
2. 在 Word 中,"自动拼写检查"设置在菜单下的"拼写和语法"中。
 (A) 文件　　　　(B) 工具　　　　(C) 格式　　　　(D) 视图
3. 在 Word 中,自动更正功能是指光标被定位到要输入点上,按下空格键,则插入点后面的词条会。
 (A) 向后移动　　(B) 将全部消失　(C) 向前移动　　(D) 被取代
4. 在 Word 中,对于很长的文章,一般使用视图进行全文查阅。
 (A) 大纲　　　　(B) 页面　　　　(C) 普通　　　　(D) 联机方式
5. 下面不是 Word 提供的视图方式。
 (A) 普通　　　　(B) 页面　　　　(C) 图表　　　　(D) 大纲
6. 在 Word 中,当全屏显示时,可以看到。
 (A) 菜单栏　　　(B) 标尺　　　　(C) 状态栏　　　(D) 标题栏
7. 在使用 Word 编辑文档时,要迅速将插入点定位到第一个"文化"一词,可使用"查找和替换"对话框中的功能。
 (A) 替换　　　　(B) 查找　　　　(C) 定位　　　　(D) 查找、定位
8. 在 Word 中,一个文档要拆分成两个窗口,可通过设置。
 (A) "视图"菜单下的"页面设计"
 (B) "窗口"菜单下的"全部重排"
 (C) "窗口"菜单下的"拆分"
 (D) "插入"菜单下的"文件"
9. 在 Word "窗口"菜单的下拉文档列表中,当前活动文档是指。
 (A) 名称前的序列号为 1　　　　(B) 菜单上第一个文档
 (C) 名称前有(√)　　　　　　　(D) 菜单上最后一个文档
10. 在 Word 中,要为同一个文档打开两个窗口,需选择下列命令。
 (A) "窗口"菜单下的"新建窗口"　(B) "窗口"菜单下的"全部重排"
 (C) "窗口"菜单下的"拆分"　　　(D) "插入"菜单下的"文件"

11. 在 Word 中，"显示比例"按钮位于。
(A)状态栏中 (B)鼠标右键单击工具栏而出现的快捷菜单上
(C)"窗口"菜单下 (D)常用工具栏的右边

12. 多个 Word 文档可通过菜单功能实现切换。
(A)"文件"下的文件列表 (B)Ctrl + Tab
(C)Alt + Tab (D)"窗口"下的文件列表

13. 在 Word 中，如果不想显示段落标记等非打印字符的控制符号，可以。
(A)对其进行修改 (B)选用不同的字形
(C)单击"显示隐藏编辑标记" (D)单击"项目符号和编号"按钮

14. 在 Word 中，系统默认的行间距是。
(A)单倍行距 (B)1.5 倍行距 (C)双倍行距 (D)最小值

15. 在 Word 编辑状态下，如果设置选定文本行的间距，应该选择的操作是。
(A)单击"编辑"→"格式"命令 (B)单击"格式"→"段落"命令
(C)单击"编辑"→"段落"命令 (D)单击"格式"→"字体"命令

技能拓展四 Word 文档的排版格式

一、单项选择题

1. 在 Word 中，将文本改为黑体、斜体或加下划线的命令是。
(A)"编辑"菜单下的"粘贴" (B)"格式"菜单下的"字体"
(C)"工具"菜单下的"选项" (D)"工具"菜单下的"语言"

2. 在 Word 中，调整字符间距可采用。
(A)"插入"菜单中"分隔符"命令 (B)"格式"菜单中"段落"命令
(C)"格式刷"按钮 (D)"格式"菜单中"字体"命令

3. 在文档窗口显示出水平标尺，拖动水平标尺上沿的"首行缩进"标记，则。
(A)文档中各段落的首行起始位置都重新确定
(B)插入点所在行的起始位置被重新确定
(C)文档中各行的起始位置都重新确定
(D)文档中没有被选择的各段落首行起始位置都重新确定

4. 在 Word 中，使用可以设置已选段落的边框和底纹。
(A)"格式"菜单中的"段落"命令
(B)"格式"菜单中的"字体"命令
(C)"格式"菜单中的"边框和底纹"命令
(D)"编辑"菜单中的"边框和底纹"命令

5. 在 Word 中，改变字体大小可通过。
(A)从字号下拉列表中选取一种字体大小
(B)从字体下拉列表中选取一种字体

(C)选择"格式"菜单下的"段落"对话框选定
(D)利用快捷键 Shift + B

6. Word 中,"页面设置"命令在菜单中。
(A) 格式　　　(B)文件　　　(C)视图　　　(D) 插入

7. 在 Word 中,英文字号越大,表示字符。
(A)越大　　　(B)越小　　　(C)越粗　　　(D)越细

8. 在 Word 中,为文档设置页码,可以使用。
(A)"视图"菜单中的命令　　　(B)"工具"菜单中的命令
(C)"格式"菜单中的命令　　　(D)"插入"菜单中的命令

9. 在 Word 中,字符的格式设置首先应选择文本对象,否则就。
(A)对光标处以前的文本起作用　　　(B)只对光标处以后的文本起作用
(C)只对光标处再输入的文本起作用　　　(D)不起作用

10. 在 Word 中,文档内容要采用居中对齐时,可选择功能。
(A)"视图"菜单下的"工具栏"　　　(B)"格式"菜单下的"段落"
(C)"格式"菜单下的"字体"　　　(D)"工具"菜单下的"修订"

11. 在中文 Word 中,缺省的对齐方式是对齐。
(A)居中　　　(B)两端　　　(C)左边　　　(D)分散

12. 编辑 Word 文档时,若调用标尺线,可通过。
(A)"格式"菜单中"段落"命令　　　(B)"格式"菜单中"样式"命令
(C)"视图"菜单中"标尺"命令　　　(D)"插入"菜单中的"分隔符"命令

13. 在进行 Word 文档录入时,按键可产生段落标记。
(A)Shift + Enter　(B)Ctrl + Enter　(C)Alt + Enter　(D) Enter

14. 在 Word 中中,取消首字下沉的操作是在中进行。
(A)常用工具栏　(B)格式工具栏　(C)格式菜单栏　(D)其他格式

15. 在 Word 中,段落缩进按钮在。
(A)常用工具栏　(B)格式工具栏　(C)标尺栏　(D)其他格式

16. 在 Word 中,制表符位于。
(A) 水平标尺最左端　(B)水平标尺最右端　(C)状态栏　(D) 垂直标尺最下方

17. 在 Word 中,制表符有种对齐方式。
(A) 2　　　(B)3　　　(C)4　　　(D) 5

18. 在 Word 中,下面不是制表符的对齐方式。
(A) 小数点对齐　(B)左对齐　(C)居中对齐　(D) 分散对齐

19. 在 Word 中,制表符的几种对齐方式的切换可通过。
(A) 按 Tab 键　(B)按 Ctrl 键　(C)鼠标单击"制表符"按钮　(D) 鼠标单击"制表符"

20. 在 Word 中,建立首字下沉的操作是在中进行。
(A) 常用工具栏　(B)格式工具栏　(C)格式菜单栏　(D) 其他格式

技能拓展五　项目符号和编号及分栏操作

一、单项选择题

1. 在 Word 中，添加项目符号，可以通过来设置。
   (A) 单击"项目符号"按钮　　　　　　(B) "工具"下的"选项"
   (C) "格式"下的"段落"　　　　　　　(D) "格式"下的"风格"

2. 在 Word 中，如果在编号过程中想暂时跳过编号，不正确的操作是。
   (A) 单击"编号"按钮
   (B) 鼠标右键菜单中的"项目符号和编号"中设置
   (C) "格式"菜单下的"项目符号和编号"中设置
   (D) 单击"项目符号"按钮

3. 在 Word 中，在输入文本前输入一个"＊"，后跟一个空格，则当按回车时，星号将。
   (A) 转换成项目符号　　　　　　　　(B) 转换成项目编号
   (C) 自动加在第二行　　　　　　　　(D) 没有变化

4. 在 Word 中，输入文本前输入一个"8"，后跟一个空格，则当按回车时，该行将。
   (A) 自动转换成项目符号　　　　　　(B) 自动转换成项目编号
   (C) 自动合并到第二行　　　　　　　(D) 没有变化

5. 在 Word 文档中，对于编号的样式可以通过设置。
   (A) 单击"项目符号"按钮
   (B) "格式"菜单下的"项目符号和编号"命令
   (C) "格式"菜单下的"段落"命令
   (D) 单击"编号"按钮

6. 在 Word 文档编辑状态下，要输入当前日期和时间，可选择功能。
   (A) "格式"菜单下的"自动套用格式"
   (B) "插入"菜单下的"日期和时间"
   (C) "工具"菜单下的"自定义"
   (D) "工具"菜单下的"选项"

7. 在 Word 中，新文档的默认模板为。
   (A) 备忘录模板　　　　　　　　　　(B) 标准商务信函模板
   (C) 传真封面模板　　　　　　　　　(D) 通用模板

8. 在 Word 文档进行分栏操作，若要建立不同的栏宽应。
   (A) 选择"格式"菜单下的"分栏"　　(B) 选择"编辑"菜单下的"分栏"
   (C) 选择"插入"菜单下的"分栏"　　(D) 单击"分栏"按钮

9. 在 Word 文档中，分栏效果看不到，则有可能是因为。

(A)文档处于"普通视图"显示方式下　　　(B)页面太小

(C)文档处于"打印预览"显示方式下　　　(D)页面行数和字数设置不对

10. 在 Word 多种分栏并存的文档中,当删除分节符时,上节的分栏设置。

(A)被取消,文档与下节分栏相同　　　(B)被取消,文档将取消分栏效果

(C)不受影响　　　(D)以上都不对

11. 在默认情况下,样式列表框中列出的样式是。

(A)Word 提供的所有的样式　　　(B)当前文档正在使用的 Word 样式

(C)一般常用的样式　　　(D)一般没有等待用户自己设定

12. 在 Word 中,用户若想新建样式可通过。

(A)"格式"菜单下的"主题"　　　(B)"格式"菜单下的"样式"

(C)"工具"菜单下的"自定义"　　　(D)"工具"菜单下的"选项"

13. 在 Word 编辑的内容中,文字下面有红色波浪下划线表示。

(A)已修改过的文档　　　(B)对输入的确认

(C)可能有拼写错误　　　(D)可能有语法错误

14. 在 Word 编辑的内容中,文字下面有绿色波浪下划线表示。

(A)已修改过的文档　　　(B)对输入的确认

(C)可能有拼写错误　　　(D)可能有语法错误

15. 在 Word 中,要打开刚刚编辑过的文档 a.doc,最简便的方法是。

(A)单击"文件"菜单底部的文件名 a.doc

(B)单击"文件"菜单中的"打开"命令,然后再输入文件名 a.doc

(C)按快捷键 Ctrl+O

(D)从"我的电脑"中找到该文档,再双击打开

技能拓展六　表格和图形

一、单项选择题

1. 表格建立好后,按键可以使插入点移动到下一个单元格。

(A)Shift　　　(B)Shift+Tab　　　(C)Tab　　　(D)Ctrl

2. 当插入点位于表格中最后一单元格时,按键将为此表自动添加一行。

(A)Shift　　　(B)Shift+Tab　　　(C)Tab　　　(D)Ctrl

3. 合并单元格是将。

(A) 多行中的单元格合并成一个单元格。

(B) 多列中的单元格合并成一个单元格。

(C) 一行或一列中的单元格合并成一个单元格。

(D) 一行或一列中的单元格拆分成一个单元格

4. 排序的表格中,不能含有。
(A)合并的单元格。　　　　　(B)空白内容的单元格。
(C)多个单元格　　　　　　　(D)加底纹的单元格。

5. 下列说法中不正确的是。
(A)表中的单元格列号依次用 A、B、C……字母表示。
(B)表中的单元格行号依次用 1、2、3……字母表示。
(C)表中的单元格列号依次用 Q、W、E……字母表示。
(D)用"表格"菜单的"公式"命令可进行复杂的运算。

6. Word 文档中不能加入内容。
(A)表格　　　(B)图片　　　　(C)公式　　　　(D)可执行文件

7. 选择整个表格后,执行了 Delete 命令,则。
(A)整个表格被删除　　　　　(B)表格中一行被删除
(C)表格中的一列被删除　　　(D)表格中的内容被删除

8. 在 Word 中,通过可以很方便地在文档中创建表格。
(A)其他格式工具栏　　　　　(B)"绘图"工具栏
(C)"格式"菜单中的"边框和底纹"　(D)"表格"菜单中的"插入表格"

9. Word 中,只有操作不能通过"表格"菜单提供的命令来完成。
(A)合并单元格　　(B)拆分单元格　　(C)合并表格　　(D)删除单元格

10. 在 Word 中,为了修饰表格,用户可以。
(A)单击"格式"菜单中的"边框和底纹"命令
(B)单击常用工具栏的"格式刷"按钮
(C)单击"视图"中的"页面设计"
(D)单击"插入表格"按钮

11. 在 Word 环境下创建的表格,以下操作不可以在表格中进行。
(A)横向求和　　(B)纵向求平均值　(C)数据排序　　(D)数据索引

12. 在 Word 中,按组合键可选定整个文档中的内容。
(A)Ctrl + A　　(B)Ctrl + Break　(C)Alt + Esc　　(D)Alt + F4

13. 在 Word 中,按键同时拖动鼠标,可纵向选定一个矩形文本区域。
(A)Shift　　　(B)Esc　　　　(C)Alt　　　　(D)Ctrl

14. 关于 Word2010,下列说法正确的是。
(A)单击"常用"工具栏上的"新建"按钮可打开一个新的文档
(B)在 Word2010 文档中必须先输入内容,然后才能设定其字体
(C)选择"文件"菜单下的"关闭"命令就可退出 Word2010
(D)在 Word2010 文档中只能输入在键盘上能看到的字符

15. 在 Word 表格中,对表格的内容进行排序,下列不能作为排序类型的是。

(A)拼音　　　　　(B)数字　　　　　(C)笔画　　　　　(D)偏旁部首

16. 如果选择的打印页码为"2-6，10，15"，则表示打印的是。
(A)第2页，第6页，第10页，第15页
(B)第2页至第6页，第10页至第15页
(C)第2页至第6页，第10页，第15页
(D)第2页，第6页，第10页至第15页

17. 在Word中，进入艺术字体环境是通过单击选项来实现的。
(A)"文件"菜单下的"打开"　　　　　(B)"编辑"菜单下的"查找"
(C)"插入"菜单下的"图片"　　　　　(D)"工具"菜单下的"选项"

18. 关于页码叙述错误的是。
(A)对文档设置页码时，可以对第一页不设置页码
(B)文档的不同节可以设置不同的页码
(C)文档页码既可以出现在页眉中，也可以出现在页脚中
(D)删除某页的页码，将自动删除整篇文档的页码

19. 对于嵌入式的图片说法错误的是。
(A)嵌入式的图片不能制作水印　　　　　(B)不能在文档中精确定位
(C)不能设置文字的环绕方式　　　　　(D)不能裁剪图片

20. 在Word中，图片的插入方式有浮动式与嵌入式，区别二者的方法是。
(A)鼠标形状不同　　　　　(B)看不出区别
(C)选中图形时控制点形式不同　　　　　(D)以上都不对

21. Word 2010中插入艺术字的默认方式是　。
(A)浮动式　　　(B)嵌入式　　　(C)上下型环绕式　　　(D)四周型环绕式

22. 在Word 2010的表格中输入计算格式必须要以开头。
(A)加号　　　(B)等号　　　(C)减号　　　(D)单引号

23. 下列说法中正确的说法是　。
(A)在旋转时，可以既旋转图形对象，也可以旋转图形中的文本。
(B)在旋转时，可以旋转图形对象，不可以旋转图形中的文本。
(C)在旋转时，不可以旋转图形对象，可以旋转图形中的文本。
(D)以上都不对。

24. 在Word中，只有用鼠标拖动图片控制点才能使图片等比例缩放。
(A)左　　　(B)右　　　(C)上　　　(D)四角

25. 只有在显示方式下才能使用"绘图"工具栏。
(A)普通视图　　(B)页面视图　　(C)大纲视图　　(D)联机版式

技能拓展七　页面排版和打印文档

一、单项选择题

1. 在 Word 中，关于页眉和页脚的内容，以下说法正确的是。
   (A)只能是文字　　(B)只能是页码　　(C)可以是日期和时间　　(D)其内容只能占一行

2. 在 Word 中，只有在视图模式下才会显示页眉、页脚。
   (A)普通　　　　(B)页面　　　　(C)大纲　　　　(D)联机版式

3. 向上滚动一屏文档的方法是。
   (A) 将鼠标指针指向滚动条的上箭头单击
   (B) 将鼠标指针指向滚动块的上方并单击
   (C) 按 Ctrl + 向上箭头
   (D) 将鼠标指针指向滚动块并单击

4. Word 2010 的模板文件的扩展名是。
   (A)DOC　　　(B)DOT　　　(C)MOT　　　(D)MOD

5. 文档排版完毕后，要想知道它打印后的效果，可使用功能。
   (A)打印预览　　(B)模拟打印　　(C)提前打印　　(D)屏幕打印

6. 在执行 Word 打印命令后，要终止打印需。
   (A)按 ESC 键　　　　　　　　　(B)按 CTRL + PRINT
   (C)按 CTRL + C　　　　　　　　(D)选择 Windows 的打印机设置、清除打印文档

7. 在 Word 2010 的文档中，人工设定分页符的命令是。
   (A)"格式"菜单中的"分页"命令　　(B)"插入"菜单中的"分隔符"命令
   (C)"视图"菜单中的"页面"命令　　(D)"文件"菜单中的"页面设置"

8. 在 Word 中，若想给文档预留装订线，则应该在中设置。
   (A)页面设置　　(B)标尺栏　　(C)打印预览　　(D)页码设定

9. 在 Word 中，要给文档编页码，需做。
   (A)选择"文件"菜单下的"页面设置"　　(B)选择"编辑"菜单下的"定位"
   (C)选择"视图"菜单下的"页面"　　　　(D)选择"插入"菜单下的"页码"

10. 在 Word 中，用下列命令不能打印整篇文档。
    (A)单击工具栏上的"打印"按钮
    (B)单击工具栏上的"打印预览"按钮
    (C)单击预览屏幕的"打印"按钮
    (D)选择"文件"菜单下的"打印"对话框中确定按钮

11. 在 Word 中，下列工作可以决定文档在预览屏幕上显示的大小。
    (A)单击带减号的放大镜图标　　　　(B)在显示比例框中输入新的百分比数值

(C)单击全屏幕按钮　　　　　　　　(D)关闭预览屏幕,看看实际的文档

12. 在Word中的预览屏幕上,当单击"关闭"后,则。

(A)退出打印预览状态　　　　　　　(B)关闭所预览的文档

(C)关闭所预览的文档并退出Word　(D)打印文档

13. 在Word中,"文件"菜单下的"打印"对话框中的页码范围框中输入并单击确定,则将打印15,16,18页。

(A)15,16-18　　(B)15-16-18　　(C)15-16,18　　(D)15 16 18

14. 在Word中,多个页面打印预览通过完成。

(A)选择"文件"菜单下的"页面设置"

(B)单击多页按钮,并将光标拖过页面图标

(C)在显示比例菜单中选一个高的百分比

(D)在显示比例菜单中选一个低的百分比

15. 在Word格式中,以下说法正确的是。

(A)可以调整行间距,不能调整字符间距

(B)可以调整字符间距,不能调整行间距

(C)行间距和字符间距均不能调整

(D)行间距和字符间距均可调整

16. 在Word中,通过指定所使用的打印机。

(A)选择"文件"菜单下的"页面设置"

(B)选择"文件"菜单下的"打印"

(C)选择"文件"菜单下的"属性"

(D)选择"文件"菜单下的"打印预览"

17. 在Word文本编辑中,页眉、页脚跟页边界的距离由设置。

(A)"工具"菜单中的"选项"

(B)"文件"菜单中的"页面设置"

(C)"格式"菜单下的"边框和底纹"

(D)"视图"菜单下的"页眉和页脚"

18. 在Word文本编辑中,页边距由设置。

(A)"工具"菜单中的"选项"

(B)"文件"菜单中的"页面设置"

(C)"格式"菜单下的"边框和底纹"

(D)"视图"菜单下的"页眉和页脚"

二、多项选择题

1. 在Word 2010中,以下方法可以设置段落缩进。

(A)使用水平标尺　　(B)使用 Tab 键　　(C)使用 Enter 键　　(D)使用"格式"工具栏

2. 在 Word 2010 中,可以将段落设置成左对齐、右对齐和_____。

(A)居中对齐　　　(B)两端对齐　　　(C)悬挂对齐　　　(D)分散对齐

3. 在 Word 2010 中,以下_____是段落缩进方式。

(A)所有行缩进　　(B)悬挂缩进　　　(C)右缩进　　　　(D)首行缩进

4. 选择 Word 2010 的"插入"菜单的"图片"命令可插入_____。

(A)艺术字　　　　(B)图表　　　　　(C)剪贴画　　　　(D)公式

5. 在 Word 2010 中,删除选定内容的正确操作有_____。

(A)选择"编辑"菜单中的"清除"命令选项　　　(B)Insert 键

(C)Delete 键　　　　　　　　　　　　　　　(D)Back Space 键

6. 在 Word 2010 的"编辑"菜单中,"粘贴"菜单命令呈灰色,则_____。

(A)只要执行了"剪切"命令后,该"粘贴"命令就可被使用

(B)因特殊原因,该"粘贴"命令永远不能被使用

(C)只要执行了"复制"命令后,该"粘贴"命令就可被使用

(D)说明剪贴板有内容,但不是 Word 能使用的内容

7. 在 Word 2010 中,可以对插入的图片(剪贴画)进行_____操作。

(A)缩放图片　　(B)裁剪图片　　(C)增加图片亮度　　(D)降低图片对比度

8. 在 Word 2010 文本编辑中,用以下_____方法可以复制选定的文本。

(A)只用鼠标拖动该文本块

(B)用"复制"和"粘贴"命令

(C)用 Ctrl + C 组合键和 Ctrl + V 组合键

(D)用用 Ctrl + X 组合键和 Ctrl + V 组合键

9. 在 Word 2010 中,以下有关移动和复制的说法正确的是_____。

(A)要移动选定的内容,可以用鼠标拖放的方法

(B)在移动或复制中,可用鼠标右键拖动选定的内容,在释放鼠标键时,出现快捷菜单显示移动和复制的有效选项。

(C)要复制选定内容,可以按住 Ctrl 键不放的同时用鼠标将选定内容拖至目的位置

(D)文本内容不可以复制

10. 使用"打印"对话框可以_____。

(A)选择系统已安装的打印机　　　　(B)设置打印份数

(C)设置打印的页码范围　　　　　　(D)选择打印纸的大小

三、判断题

1. Word 的文档文件扩展名是.doc。　　　　　　　　　　　　　　　　　　(　)

2. 快速移动光标到窗口底部,应按下 End 键。　　　　　　　　　　　　　(　)

3. 要在文档中形成一个段落应按下 Enter 键。　　　　　　　　　　　　　(　)

4. "撤消"按钮的功能是撤消一个上一次的操作。   （   ）
5. 一个段落就是一个自然段。   （   ）
6. 段落标记可以被隐藏起来而不显示在屏幕上。   （   ）
7. 转换为插入状态应单击"改写"按钮。   （   ）
8. 合并单元格是将一行(列)中的多个单元格合并成一个单元格。   （   ）
9. "艺术字"是一种特殊的文字。   （   ）
10. 图形填充的效果是作用于图片的背景部分。   （   ）
11. 在 Word 中,利用"格式刷"可以复制艺术文字式样。   （   ）
12. 字间距不能通过空格键调整,行间距也不能通过回车键调整。   （   ）
13. 在 Word 中,使用"查找和替换"对话框,即可以用来实现查找和替换文本的操作,又
    可以用来快速定位插入点的位置。   （   ）
14. 在 Word 中,单击"常用"工具栏上的"打印"按钮,则打印选定的内容。   （   ）
15. 单击"文件"菜单中的"关闭"命令可以退出 Word。   （   ）
16. 在 Word 中,可以通过"工具"菜单中的"选项"命令设定文件自动保存功能。   （   ）
17. 在 Word 表格中,一次可以选定多个不连续的单元格。   （   ）
18. 在 Word 中,编辑文本时,选定文本块后,直接输入新的内容,则新输入的内容会插
    入到文本块前。   （   ）

项目四 中文电子表格处理软件 2010

技能拓展一 中文 Excel 的基本知识

一、单项选择题

1. 是 Microsoft 公司推出的电子表格软件,是办公自动化集成软件包 Office 2010 的重要组成部分。
(A) Excel 2010　　(B) Power Point 2010　　(C) Word 2010　　(D) WPS

2. 在 Excel 中建立的文档通常被称为。
(A) 工作表　　(B) 单元格　　(C) 活动表格　　(D) 工作簿

3. 启动 Excel 程序后,系统会自动创建文件名为的工作簿。
(A) 文件1　　(B) 文档1　　(C) 演示文稿1　　(D) Book1

4. 在 Excel 中,"工资财务!C2"中的 C2 表示。
(A) 工作表名　　(B) 工作簿名　　(C) 单元格名　　(D) 公式名

5. 在 Excel 中,"工资财务!C2"中的工资财务表示。
(A) 工作表名　　(B) 工作簿名　　(C) 单元格名　　(D) 公式名

6. 显示活动单元格的列标、行号,它也可用来定义单元格或区域的名称,或者根据名称来查找单元格或区域。
(A) 工具栏　　(B) 名称框　　(C) 状态栏　　(D) 编辑栏

7. 用于编辑当前单元格的内容。
(A) 工具栏　　(B) 名称框　　(C) 状态栏　　(D) 编辑栏

8. 在默认情况下,Excel 2010 的一个工作簿有个工作表。
(A) 255　　(B) 3　　(C) 1　　(D) 4

9. 每个工作表共有 65536 行。行号位于工作表的左侧,。
(A) 用字母表示,其顺序是"A,B,C,…,IV"
(B) 用数字表示,其顺序是"1,2,3,…,A,B,…"
(C) 用数字表示,其顺序是"1,2,3,…,65536"
(D) 用字母表示,其顺序是"a,A,b,B,c,C,…"

10. 位于工作簿窗口的下端,用于显示工作表名称。
(A) 任务栏　　(B) 状态栏　　(C) 标题栏　　(D) 工作表标签

11. 在 Excel 中,Num Lock、Insert 键是否被按下等状态信息在显示。
(A) 工作表标签　　(B) 标题栏　　(C) 状态栏　　(D) 任务栏

12. 在 Excel 中创建工作簿时,系统将自动以的顺序给新的工作簿命名。
(A)文档1、文档2、文档3… (B)文档A、文档B、文档C…
(C)Book1、Book2、Book3… (D)BookA、BookB、BookC…

13. Excel 中当前的活动工作表标签名以状态显示。
(A)反白 (B)反蓝 (C)反黑 (D)闪烁

14. 在中文 Excel 中保存文件时,缺省的文件名后缀是。
(A)XLS (B)DBF (C)DOC (D)TXT

15. 在 Excel 中,输入公式时必须以符号开头。
(A): (B)= (C)# (D)$

16. ,可以在工作表之间进行快速切换。
(A)单击工作表标签 (B)单击工作表中任一单元格
(C)单击工作簿 (D)单击滚动按钮

17. 在 Excel 中,选取多个不连续单元格时,则应按住键后,然后选择单元格。
(A)Ctrl (B)Alt (C)Shift (D)Tab

18. Excel 中的工作表最多可以有列。
(A)255 (B)65535 (C)256 (D)512

19. Excel 中,每个单元格里最多可输入个字符。
(A)255 (B)256 (C)65536 (D)32000

20. Excel 中,下列不能结束一个单元格中数据输入。
(A)按回车键 (B)Tab 键 (C)"编辑栏"中的""按钮 (D)按空格键

21. Excel 在默认情况下,一个单元格里输入文本时,文本在单元格里是向对齐。
(A)左 (B)右 (C)居中 (D)不确定

22. Excel 中,在默认情况下一个单元格里输入的数值是向对齐。
(A)左 (B)右 (C)居中 (D)不确定

23. Excel 提供的功能,能够以指定的时间间隔自动保存活动的工作簿或者所有打开的工作簿。
(A)自动保存 (B)自动更正 (C)自动图文集 (D)自动套用格式

24. 在 Excel 中,若要把一个数字作为文本(例如电话号码、邮政编码等),只需在输入时加上一个,Excel 就会把该数字作为文本处理。
(A)":"(冒号) (B)""(单引号) (C)"……"(破折号) (D)","(逗号)

25. 在 Excel 中,默认情况下,若输入的文本长度超出单元格宽度,且右边单元格无内容,则。
(A)超长的文字被截断 (B)用"######"显示
(C)提出警告,输入非法 (D)超出的文本会延伸到相邻单元格中

26. Excel 中,输入当天的日期可按键。
(A)Ctrl + ; (B)Alt + : (C)Shift + D (D)Ctrl + D

27. Excel 中,输入当天的时间可按键。
(A)Ctrl + : (B)Shift + : (C)Ctrl + Shift + ; (D)Ctrl + T

28. 在 Excel 中，单元格绝对地址的表示法是在列号、行号之前加上符号___。
(A)： (B)$ (C)= (D)&

29. 要选定相邻的多个工作表，___。
(A)应首先选中第 1 个工作表，然后按住 Shift 键，并单击最后一个工作表的标签
(B)先单击选中第 1 个工作表的标签，然后按住 Ctrl 键，并单击其他工作表的标签
(C)先右击工作表的标签，然后从出现的快捷菜单中选择"选定全部工作表"命令
(D)用鼠标单击并拖动

30. 在 Excel 中建立了一个新的工作簿，在默认情况下，此工作簿的所有工作表以等命名。
(A)"表1"、"表2" (B)Sheet1、Sheet2
(C)文档1、文档2 (D)"工作表1"、"工作表2"

技能拓展二 工作表的建立

一、单项选择题

1. 选定工作表，按住鼠标左键并沿着工作表标签拖动时，若同时按住___键，即可复制工作表。
(A)Ctrl (B)Tab (C)Alt (D)Shift

2. 当输入一个数字时，在单元格中显示为"#######"符号，意味着___。
(A)该单元格的值非法
(B)该单元格的列宽太小不能显示整个数字，实际数字已经不存在
(C)计算机无法处理该单元格的值
(D)该单元格的列宽太小不能显示整个数字，但实际数字仍然存在

3. 在 Excel 中，若想把单元格和数据都删除，则应执行___。
(A)"编辑"菜单中的清除命令 (B)在设置单元格的格式中处理
(C)"编辑"菜单中的删除命令 (D)先选中单元格，然后按 Delete 键直接删除

4. 在 Excel 中，如果要输入分数(例如159又4/7)，应先输入159及___，然后输入4/7。
(A)一个空格 (B)一个"+"符号
(C)一个"*"符号 (D)两个空格

5. 在单元格中输入公式的步骤是，首先选定要输入公式的单元格，然后输入一个___，接着输入公式的内容，最后按回车键。
(A)空格 (B)"+" (C)"=" (D)"*"

6. Excel 中，若复制内容的原区域与目标区域大小不一致时，则___。
(A)没有反应 (B)自动按原区域的大小粘贴
(C)一定出现警告提示 (D)若目标区域是原区域的整数倍则依次进行多次复制

7. Excel 中，若想在复制数据的同时，还要进行行列转置，则应来完成。
(A)单击粘贴按钮 (B)自动按原区域的大小粘贴

(C)不能执行并出现警告提示　　　　(D)通过选择性粘贴命令

8. Excel 中,垂直拆分框位于。
(A)垂直滚动条的顶端　　　　(B)水平滚动箭头右端
(C)水平滚动箭头左旁　　　　(D)状态栏最右侧

9. Excel 中,使用拖放的方式复制一个区域,鼠标必须指向此区域的边界,并且变成形状。
(A)右上角为小"＋"字形的空心箭头　(B)指向右上角的箭头
(C)左上角为小"＋"字形的空心箭头　(D)指向左上角的箭头

10. Excel 中,函数输入后如果需要修改,可以通过进行。
(A)编辑栏　　　　(B)"工具"菜单中的审核命令
(C)"工具"菜单中的修订命令　(D)以上都不对

11. 启动 Excel 时,。
(A)只打开 Excel 窗口　　　　(B)打开 Excel 窗口,不打开文档窗口
(C)只打开工作簿窗口　　　　(D)同时打开 Excel 窗口和工作簿窗口

12. 对于新建的文档,在保存时显示对话框。
(A)另存为　　(B)打开　　(C)新建　　(D)页面设置

13. 对于打开的文档,如果需要换名字保存,需执行命令。
(A)复制　　(B)保存　　(C)关闭　　(D)另存为

14. 在 Excel 中,放弃当前输入的数据应按键。
(A)Esc　　(B)Delete　　(C)Enter　　(D)Insert

15. 修改已输入的数据时,应将鼠标指针指向待修改的单元格,,设置插入点后再进行修改。
(A)双击鼠标右键　(B)双击鼠标左键　(C)单击鼠标右键　(D)单击鼠标左键

16. 在工作表中把选中的一系列数据定义为序列,则应在"自定义序列"对话框中。
(A)单击"导入"按钮　　　　(B)单击"添加"按钮
(C)单击"自定义序列"滚动文本框框　(D)通过复制完成

17. 在 Excel 中,一般把活动单元格的右下角有一个黑色的小方块称为。
(A)窗口角落　　(B)鼠标拖动点　　(C)活动点　　(D)填充柄

18. 在 Excel 中,如果单元格 A1 中内容为"星期一",那么向下拖动填充柄到 A9,则 A9 中内容应为。
(A)星期一　　(B)星期二　　(C)星期三　　(D)#REF

19. Excel 中,自动填充必须。
(A)有一个初始值　(B)设定终止值　(C)选中填充区域　(D)以上均是

20. 用鼠标单击要插入单元格的位置,选择"插入"菜单中"单元格"命令,新出现的单元格将出现在。
(A)选中单元格左边　　　　(B)选中单元格右边
(C)选中单元格下边　　　　(D)以上都对

21. 绝对引用是指移动时。

(A) 自动调节公式中引用单元格地址 　　(B) 行号不变化,而列号相应变化
(C) 不随公式位置而改变 　　　　　　(D) 列号不变化,而行号相应变化

22. 若要将Sheet1中的B6与Sheet2中的A4相减,结果放在Sheet1中的A5,则Sheet1中的A5单元格的填入公式为。
(A) =Sheet1_B6 - Sheet2_A4 　　　(B) =Sheet1!B6 - Sheet2!A4
(C) =Sheet1/B6 - Sheet2/A4 　　　(D) =Sheet1:B6 - Sheet2:A4

23. 在Excel的工作表中,若单元格A1=20,B1=25,A2=15,B2=27;当在单元格_chC1中填入公式"=＄A＄1+＄B＄1",拖动填充柄到C2单元格中,则C2单元格的值为。
(A) 35　　　(B) 52　　　(C) 42　　　(D) 45

24. Excel中,如果为单元格A1赋值6,单元格B4赋值2,单元格B5为公式=IF(A1/3>B4,"Y","N"),则赋给B5的值应当是。
(A) Y　　　(B) N　　　(C) #REF　　　(D) 没反应

25. 在Excel的工作表中,若单元格A1=20,B1=25,A2=15,B2=27,。当在单元格C1中填入公式"=A＄1*B＄1",将此公式复制到C2单元格中,则C2单元格的值为。
(A) 300　　　(B) 675　　　(C) 500　　　(D) 405

技能拓展三　工作表的编辑和格式化

一、单项选择题

1. 通过设置,可以使用户预先设置某单元格中允许输入的数据类型,以及输入数据的有效范围。
(A) 条件格式　　(B) 有效数据　　(C) 单元格的格式　　(D) 错误警告

2. 以下所述的操作中,将选取整个工作表。
(A) 单击工作表左上角行列交叉的按钮 　　(B) 单击工作表相应的列号
(C) "视图"菜单中的全屏显示 　　　　　(D) "视图"菜单中的全选

3. 在Excel工作表中插入一行时,则。
(A) 新行覆盖插入点处的行 　　　　　(B) 将插入点处的行上移
(C) 将插入点处的行下移 　　　　　　(D) Excel无法进行行插入

4. 在Excel中,被合并的单元格。
(A) 可以是不连续的单元格区域 　　　(B) 不能是一列单元格
(C) 只能是一行单元格 　　　　　　　(D) 只能是连续的单元格区域

5. 如果要将所有单元格的数据居中,应先用鼠标单击,再单击"居中"按钮。
(A) 名称框　　(B) 编辑栏　　(C) 全选框　　(D) A1单元格

6. 如果要在某单元格中求A2、B3、C5单元格的和时,应在该单元格输入。
(A) =SUM(A2,B3:C5) 　　　　　　(B) =SUM(A2:C5)
(C) =SUM(A2,B3,C5) 　　　　　　(D) =SUM(A2:B3:C5)

7. Excel 中，工作表比较大时，有些数据不想随着工作表的移动而消失（例如列标题），可以采用。
(A) 工作表"窗口"菜单的"冻结窗口"命令
(B) 先选中区域，移动工作表时按住 Alt 键
(C) 工作表"窗口"菜单的"拆分"命令
(D) "窗口"菜单的新建窗口命令

8. Excel 中，工作表拆分与冻结的区别为。
(A) 拆分的每一个窗口能浏览整个工作表
(B) 冻结窗口不能修改单元格的内容
(C) 冻结窗口没有滚动条
(D) 拆分窗口不能浏览整个工作表

9. 以下内容不属于单元格的数据格式。
(A) 对齐格式　　(B) 公式　　(C) 数字格式　　(D) 字体

10. 格式化单元格不能改变单元格。
(A) 数值内容的大小　(B) 边框　　(C) 列宽行高　　(D) 字体

11. 以下不属于数据格式的类型。
(A) 常规　　　　(B) 货币　　(C) 时间　　　(D) 函数

12. Excel 中，选择格式工具栏里的"千位分隔符"后，56123.456 将显示为。
(A) 56123　　　　　　　　(B) 56,123.456
(C) 5,6123.456　　　　　　(D) 56,123,456

13. 在 Excel 中，"单元格格式"对话框的"对齐"标签中，不可以设置。
(A) 水平对齐　　(B) 小数点对齐　　(C) 垂直对齐　　(D) 方向

14. 在 Excel 中，通过以下设置，可以使单元格的文本以向下 45 度的形式显示。
(A) "单元格格式"对话框的"对齐"标签
(B) "单元格格式"对话框的"数字"标签
(C) "单元格格式"对话框的"字体"标签
(D) 对象的旋转

15. 默认情况下，Excel 中使用的是"G/通用格式"，当输入数值长度超出单元格的宽度时，将。
(A) 截断显示　　　　　　(B) 提出警告
(C) 科学记数法显示　　　(D) 自动调节单元格列宽

16. Excel 中精确设置单元格的行高可以通过菜单中的"行"命令来完成。
(A) 数据　　　(B) 编辑　　　(C) 格式　　　(D) 表格

17. Excel 中"条件格式"对话框是在菜单中。
(A) 数据　　　(B) 编辑　　　(C) 格式　　　(D) 插入

18. 修改活动单元格中的数据时，可先将插入点置于中待修改数据的位置，然后进行修改。
(A) 编辑栏　　(B) 名称框　　(C) 菜单栏　　(D) 工具栏

19. 如果一个单元格中的数值是 10,拖动填充柄时,按住键会自动填充公差为 1 的序列。
(A) Alt (B) Shift (C) Ctrl (D) Esc

20. 在 Excel 的工作表中,若单元格 C1 中填入公式"=＄A1＊＄B1",将此公式复制到 D2 单元格中,则 D2 单元格的中填入公式为。
(A)=＄A1＊＄B1 (B)=＄A2＊＄B2 (C)=＄B1＊＄C1 (D)=＄B2＊＄C2

21. 在 Excel 2010 中,可按需拆分窗口,一张工作表最多可拆分为个窗口。
(A) 3 (B) 4 (C) 2 (D) 任意多个

22. 在 Excel 2010 工作表中的某单元格的编辑区输入=(8),单元格内将显示。
(A)(8) (B) −8 (C) 8 (D) +8

23. 在 Excel 2010 中,单击某个有数据的单元格,当鼠标指针为向左的空心箭头时,仅拖动鼠标可完成的操作是。
(A) 复制单元格内数据 (B) 删除单元格内数据
(C) 移动单元格内数据 (D) 不能完成任何操作

24. 在 Excel 中,数据类型可分为。
(A) 数值型和非数值型 (B) 数值型、文本型、日期型及字符型
(C) 字符型、逻辑性及备注型 (D) 都不对

25. 关于 Excel 的工作表,下列说法错误的是。
(A) 各个工作表可以相互独立 (B) 可以根据需要给工作表重命名
(C) 一个工作表就是一个.XLS 文件 (D) 一个工作簿中建立的工作表的数量有限

技能拓展四　数据图表和地图

一、单项选择题

1. Excel 中图表工作表名称默认为。
(A) Graph (B) XlC (C) Sheet (D) Chart

2. 如果要对数据清单进行分类汇总,必须先对数据。
(A) 按分类汇总的字段排序,从而使相同的记录集中在一起
(B) 自动筛选
(C) 按任何一字段排序
(D) 格式化

3. 在 Excel 中图表文件的扩展名为。
(A) XLC (B) XLS (C) XLT (D) XLA

4. Excel 环境下,在"页面设置"对话框中的"页面"选项卡的"起始页码"为"自动"时,则表示起始页码为。
(A) 0 (B) 自定义 (C) 1 (D) 不确定

5. 要将光标定位在 X200 单元格,最简单的方法是。
(A)拖动滚动条　　　　　　(B)在名称框中输入 X200
(C)按 Ctrl + X200 键　　　(D) 先用 Ctrl + →键移到 X 列,再用 Ctrl + ↓ 键移到 200 行

6. 在某单元格中显示的内容是"#NUM!",它表示。
(A)在公式中引用了无效的数据　　(B)公式的数字非法
(C)在公式中使用了错误的参数　　(D)使用了错误的名称

7. 在 Excel 环境下,使用 Delete 键可以删除单元格中的。
(A)内容　　　(B)格式　　　(C)批注　　　(D) 以上全部

8. Excel 中不是创建图表的途径。
(A)按 F11 快捷键　　　　　　(B)利用"图表"工具栏
(C)"工具"菜单下的命令　　　(D)利用图表向导

9. Excel 中创建图表所选择的数据区域。
(A)必须是连续的　　　　(B)可以不连续
(C)可以任意选择　　　　(D) 以上都不对

10. Excel 中用向导创建图表时,修改图表的分类轴标志,应在中修改。
(A)"系列"标签　　　　　(B)"数据区"标签
(C)标题文本框　　　　　(D)以上都不对

11. Excel 中,下列不属于图表的编辑范围。
(A) 图表类型的更换　　　(B)数据的类型设置
(C) 数据格式化　　　　　(D)图表中各对象的编辑

12. 对于工作表中建立的柱形图表,若删除图表中的某数据系列柱形图,。
(A)则数据表中相应的数据消失
(B)则数据表中相应的数据不变
(C)若事先选定与被删除柱形图相应的数据区域,则该区域数据消失,否则保持不变
(D)若事先选定与被删除柱形图相应的数据区域,则该区域数据不变,否则将消失

13. 在 Excel 2010 中,让某单元格里的数值保留两位小数,下列不能实现该操作。
(A)选择"数据"菜单下的"有效性"命令
(B)选择单元格后单击右键,选择"设置单元格格式"命令
(C)选择工具栏上的"增加小数位数"或"减少小数位数"按钮
(D)选择"格式"菜单,再选择"单元格"命令

14. 在 Excel 2010 中打印学生成绩单时,对优秀的成绩用红色表示,当要处理大量的学生成绩时,利用命令最为方便。
(A)查找　　　(B)条件格式　　　(C)数据筛选　　　(D)定位

15. 在数据表(有"平均分"字段)中查找平均分大于 90 的记录,其有效方法是。
(A)依次查看各记录"平均分"字段的值
(B)在记录单对话框的"平均分"文本框中输入">90",再单击"确定"按钮

(C)在记录单对话框中单击"条件"按钮,在"平均分"文本框中输入">90",再单击"下一条"按钮

(D)在记录单对话框中连续单击"下一条"按钮

技能拓展五　数据管理和分析

一、单项选择题

1. 通过Excel的数据列表功能,可以进行　等操作。
 (A)排序和分类汇总　　　　　　(B)筛选和单元格格式化
 (C)数据格式化和高级筛选　　　(D)以上都不对

2. Excel中的数据列表又被称作　。
 (A)工作表数据库　　　　　　　(B)数据热区
 (C)数据格式化区域　　　　　　(D)特殊数据区

3. Excel中对于数据列表错误的说法是　。
 (A)列表中应避免空白行　　　　(B)每一列必须是同一类型的数据
 (C)单元格不要以空格开头　　　(D)它不能像一般工作表一样进行编辑

4. 关闭打印预览窗口,将回到　视图。
 (A)页面视图　　(B)常规视图　　(C)大纲视图　　(D)以上均可

5. Excel的数据列表的列就相当于数据库的　。
 (A)记录　　　　(B)数据属性　　(B)单元　　　　(D)字段

6. Excel的数据列表的行就相当于数据库的　。
 (A)记录　　　　(B)数据属性　　(C)单元　　　　(D)字段名称

7. Excel中,数据列表与一般工作表的区别在于　。
 (A)数据列表必须有行名　　　　(B)数据列表所有列的数据类型要一致
 (C)数据列表必须有列名　　　　(D)数据列表名称是不可修改的

8. Excel中,对于数据列表的列来说,　。
 (A)和工作表的要求一样　　　　(B)要按照特殊的数据格式排序
 (C)只要有列名就可以了　　　　(D)每一列必须是同类型的数据

9. Excel中,数据列表的编辑可通过　。
 (A)"数据"菜单下的记录单命令　　(B)"工具"菜单下命令
 (C)"数据"菜单下的分类汇总命令　(D)"图表"菜单下的命令

10. Excel中,如果想复制数据库中满足条件的所有记录到某一位置时,应使用如下命令。
 (A)自动筛选　　(B)分类汇总　　(C)全部显示　　(D)高级筛选

11. Excel中,以下命令会在字段单元格内加入一个向下箭头。
 (A)自动筛选　　(B)记录单　　(C)数据透视表报告　　(D)分类汇总

12. Excel 中，如果选择级联菜单的"全部显示"，则结果是。
 (A)数据恢复显示，筛选箭头消失　　(B)数据显示没有变化，但是筛选箭头消失
 (C)数据恢复显示，筛选箭头并不消失　(D)以上说法都不对
13. Excel 中，对于"数据透视表"工具栏来说，不能实现的修改功能是。
 (A)排序　　　　　　　　　　　　　(B)显示或隐藏数据
 (C)改变汇总方式　　　　　　　　　(D)按某个分类字段分页显示
14. Excel 中的菜单提供了自动筛选和高级筛选两种功能。
 (A)工具　　　(B)数据　　　(C)格式　　　(D)格式
15. Excel 中关于分类汇总的说法正确的是。
 (A)分类汇总就是按类别进行汇总　　(B)分类汇总按记录来分类
 (C)分类汇总既能求和也能排序　　　(D)可以一次以不同的方式进行汇总
16. Excel 中对多个字段进行汇总应采用。
 (A)分类汇总　　(B)数据透视表　　(C)高级筛选　　(D)以上均可
17. "按草稿方式打印"可以。
 (A)加快打印速度并会提高打印质量。(B)加快打印速度并会降低打印质量。
 (C)降低打印速度并会提高打印质量。(D)降低打印速度并会降低打印质量。

二、填空题

1. 在 Excel 中，工作簿是扩展名 _____ 的文件；一个工作簿默认打开 _____ 个工作表，最多可打开 _____ 个工作表；执行 _____ 菜单中 _____ 命令可以修改默认打开工作表的个数。
2. 在 Excel 2010 中，用黑色实线围住的单元格称为 _____ 。
3. 默认情况下，数值型数据的水平对齐方式为 _____ 。
4. 在 Sheet1 工作表中引用"职工工资"工作表的单元格 C3，公式是 _____ 。
5. 在 Excel 环境下新建一个工作簿，该工作簿包含 _____ 个工作表。
6. 双击某工作表标签，可以对该工作表进行 _____ 操作。
7. 要在单元格中直接显示分数形式的数据"1/2"，应输入 _____ 。
8. 公式 =len("电子表格")的返回值是 ；公式 =len("Excel 电子表格")的返回值是 _____ 。
9. Excel 中，公式必须以 开始；公式中的引用有：_____、_____ 和 _____ 三种方式。
10. 若 A1 单元中的字符串是"地质大学"，A2 单元格中的字符串是"信息工程学院"，A3 单元格中的字符串是"计算机系"，现在希望 A4 单元格中显示"地质大学信息工程学院的计算机系"，则应在 A4 单元格中键入公式 _____ 。
11. 在 A1 单元格中输入"计算机应用基础"，公式 =LEFT(A1,3) 的返回值是 _____ 式 = MID(A1,4,2) 的返回值是 _____，公式 =RIGHT(A1,2) 的返回值是 _____ 。
12. 在 Excel 工作表中，更改了屏幕上工作表的显示比例，对打印效果 _____ 。

13. 在 Excel 工作表中,设定某单元格中的数据为垂直居中,可以在_____菜单中的"单元格"命令中执行。
14. 如果输入一个"'"符号,再输入数字型数据,则数据靠单元格_____对齐。
15. 双击某单元格可以对该单元格进行_____工作。
16. Excel 中,在选定区域的右下角有一个小黑方块,称之为_____。

四、判断题

1. 在 Excel 中,直接处理的对象为工作表,若干个工作表的集合称为工作簿。（　　）
2. 单元格的数据格式一旦选定后,不可以再改变。（　　）
3. 相对引用的含义是:把一个含有单元格地址引用的公式复制到一个新的位置或用一个公式填入一个选定范围时,公式中单元格地址会根据情况而改变。（　　）
4. 绝对引用的含义是:把一个含有单元格地址引用的公式复制到一个新的位置或在公式中填入一个选定范围时,公式中单元格地址保持不变。（　　）
5. Excel 工作表中单元格的灰色网格在打印时不会被打印出来。（　　）
6. 单击选定单元格后输入次新内容,则原内容将被覆盖。（　　）
7. 输入数字时,Excel 自动将它沿单元格左边对齐。（　　）
8. 当完成工作后,要退出 Excel 2010 时,可以按 Ctrl + F4 键。（　　）
9. 在 Excel 2010 中,工作表共有 256 列,列标位于工作表的上面,用数字表示,其顺序是"1,2,3,…,256"。（　　）
10. 名称框显示活动单元格的列标、行号,它也可用来定义单元格或区域的名称,或者根据名称来查找单元格或区域。（　　）
11. 编辑栏用于编辑当前单元格的内容。如果单元格中含有公式,则公式的运算结果会显示在编辑栏中,在单元格中显示公式本身。（　　）
12. 当输入一个较长的数字时,在单元格中显示为填满的"#"符号,意味着该单元格的列宽太小不能显示整个数字,但实际数字仍然存在。（　　）
13. 如果要取消自动筛选,恢复用来的数据清单,可在"筛选"子菜单中,单击"全部显示"命令。（　　）
14. 在 Excel 中,自动求和功能不可以由用户选定求和区域。（　　）
15. Excel 中,如果工作表数据已建立图表,则修改工作表数据的同时也必须修改对应的图表。（　　）
16. ALT + E 组合键可打开"文件菜单"。（　　）
17. 若某单元格的初始值为纯字符或纯数字,填充相当于数据复制。（　　）
18. 选定单元格或区域后按 Delete 键,相当于选择清除"内容"命令。（　　）
19. 按 F10 键可快速创建图表。（　　）
20. 筛选意味着删除不满足条件的记录。（　　）

项目五　Power Point 演示文稿 2010

一、选择题

1. 在幻灯片的切换中,不可以设置幻灯片切换的( )。
(A) 换页方式　　　(B) 颜色　　　(C) 效果　　　(D) 声音

2. PowerPoint 中,有关选定幻灯片的说法中错误的是( )。
(A) 在浏览视图中单击幻灯片,即可选定。
(B) 如果要选定多张不连续幻灯片,在浏览视图下按 CTRL 键并单击各张幻灯片。
(C) 如果要选定多张连续幻灯片,在浏览视图下,按下 shift 键并单击最后要选定的幻灯片。
(D) 在幻灯片视图下,也可以选定多个幻灯片。

3. PowerPoint 中,有关幻灯片母版中的页眉页脚下列说法错误的是( )。
(A) 页眉或页脚是加在演示文稿中的注释性内容
(B) 典型的页眉/页脚内容是日期、时间以及幻灯片编号
(C) 在打印演示文稿的幻灯片时,页眉/页脚的内容也可打印出来
(D) 不能设置页眉和页脚的文本格式

4. PowerPoint 中,在浏览视图下,按住 CTRL 并拖动某幻灯片,可以完成( )操作。
(A) 移动幻灯片　　(B) 复制幻灯片　　(C) 删除幻灯片　　(D) 选定幻灯片

5. 在 PowerPoint 的( )下,可以用拖动方法改变幻灯片的顺序。
(A) 幻灯片视图　　(B) 备注页视图　　(C) 幻灯片浏览视图　(D) 幻灯片放映

6. PowerPoin 中,在( )视图中,用户可以看到画面变成上下两半,上面是幻灯片,下面是文本框,可以记录演讲者讲演时所需的一些提示重点。
(A) 备注页视图　　(B) 浏览视图　　(C) 幻灯片视图　　(D) 黑白视图

7. 在 PowerPoint 中,若希望在文字预留区外的区域输入其它文字,可通过( )按钮插入文字。
(A) 图表　　　　(B) 格式刷　　　(C) 文本框　　　(D) 剪贴画

8. 在 PowerPoint 中,如果希望改变幻灯片的颜色效果,可执行格式菜单的( )命令。
(A) 应用设计模板　(B) 背景　　(C) 幻灯片版面设置　(D) 幻灯片配色方案

9. 在 PowerPoint 中,设置幻灯片放映时的换页效果为"垂直百叶窗",应使用"幻灯片放映"菜单下的选项是( )
(A) 动作按钮　　(B) 幻灯片切换　　(C) 预设动画　　(D) 自定义动画

10. 在 PowerPoint 中,结束幻灯片放映可按( )键。
(A) Tab　　　　(B) Pause　　　(C) Esc　　　　(D) Home

11. 在演示文稿中,插入超级链接时链接到的目标不能是( )
(A) 另一个演示文稿　　　　　　(B) 同一演示文稿的某一张幻灯片
(C) 其它文档　　　　　　　　　(D) 幻灯片中的图片

12. 在 PowerPoint 中含有多个对象的幻灯片中，选定某对象，按下"幻灯片放映"菜单下的"自定义动画"选项，设置"飞入"效果后，则（　　）
(A) 该幻灯片放映效果为飞入　　　　　(B) 该对象放映效果为飞入
(C) 下一张幻灯片放映效果为飞入　　　(D) 未设置效果的对象放映效果也为飞入

13. 下述对幻灯片中的对象进行动画设置的正确描述是（　　）。
(A) 幻灯片中的对象一旦进行动画设置就不可以改变
(B) 设置动画时不可改变对象出现的先后次序
(C) 幻灯片中各对象设置的动画效果可以不同
(D) 每一对象只能设置动画效果，不能设置声音效果

14. 在 PowerPoint 的操作中，插入图片的第一步操作是（　　）。
(A) 执行"插入"菜单中"图片"命令
(B) 将插入点置于图形预期出现的位置
(C) 在图片对话框中选择要插入图片的文件名
(D) 按"确定"按钮插入图片

15. 下面哪种方法可不用鼠标控制自动进行幻灯片放映？（　　）
(A) 设置"排练记时"
(B) 设置"放映方式"中采用"人工换片"方式
(C) 使用"幻灯片"切换中选择用"单击鼠标换页"
(D) 使用"幻灯片"切换中选择"自动切换"

16. 在 PowerPoint 环境下放映幻灯片的快捷键为（　　）。
(A) F1 键　　　(B) F5 键　　　(C) F7 键　　　(D) F8 键

17. 在幻灯片编辑状态下，（　　）不能重新更改幻灯片版式。
(A) 选择"格式"菜单中的"幻灯片版面设置"命令
(B) 单击"常用"工具栏中的"幻灯片版面设置"按钮
(C) 单击鼠标右键，从弹出的快捷菜单中选择"幻灯片版面设置"命令
(D) 选择"插入"菜单中的"幻灯片版面设置"命令

18. PowerPoint 演示文稿在放映时能呈现多种效果，这些效果（　　）。
(A) 完全由放映时的具体操作决定　　　(B) 需要在编辑时设定相应的属性
(C) 与演示文稿本身无关　　　　　　　(D) 由系统决定，无法改变

19. 在大纲视图的工具按钮中，左右箭头按钮的功能是（　　）。
(A) 使上一张或下一张幻灯片成为当前幻灯片
(B) 使上一段或下一段文字成为当前选取的文字
(C) 使当前选取文字段在文字层次结构中升一级或降一级
(D) 使当前选取文字段在幻灯片中的位置向左或向右移动一格

20. 在幻灯片浏览视图中选取了一张幻灯片作为当前幻灯片，然后进行插入新幻灯片的操作，新幻灯片将位于（　　）。

(A)所选幻灯片之前,操作完成后,原来所选的幻灯片仍为当前幻灯片
(B)所选幻灯片之前,操作完成后,新幻灯片为当前幻灯片
(C)所选幻灯片之后,操作完成后,原来所选的幻灯片仍为当前幻灯片
(D)所选幻灯片之后,操作完成后,新幻灯片为当前幻灯片

21. 关于插入在幻灯片里的图片、图形等对象,下列操作描述中正确的是( )
(A)这些对象放置的位置不能重叠
(B)这些对象放置的位置可以重叠,叠放的次序可以改变。
(C)这些对象各自独立,不能组合为一个对象
(D)这些对象无法被一起复制或移动

22. 在幻灯片中插入的影片、声音,( )。
(A)在"幻灯片视图"中单击它即可以激活
(B)在"幻灯片视图"中双击它才可以激活
(C)在放映时,单击它即可以激活
(D)在放映时,双击它才可以激活

23. 在幻灯片视图中如果要改写幻灯片内的一段原有文字,首先应当( )。
(A)删除原有的文字   (B)插入一个新的文本框
(C)直接输入新的文字   (D)选取该段文字所在的文本框

24. 如果要以听众讲义的格式打印出来,则视图必须先切换到( )。
(A)幻灯片   (B)演讲者备注   (C)听众讲义   (D)大纲

25. 可对母版进行编辑和修改的状态是( )。
(A)幻灯片视图状态   (B)备注页视图   (C)母版   (D)大纲视图

26. ( )不是幻灯片母版的格式。
(A)黑白母版   (B)备注母版   (C)标题母版   (D)讲义母版

27. 如果要使某个幻灯片与其母版不同,则( )。
(A)是不可以的   (B)设置该幻灯片不使用母版
(C)直接修改该幻灯片   (D)重新设置母版

28. 添加与编辑幻灯片"页眉与页脚"操作的命令位于( )菜单中。
(A)插入   (B)格式   (C)视图   (D)编辑

二、填空题

1. PowerPoint 演示文稿文件的扩展名是_____。

2. 设置背景时,若将新的设置应用于当前幻灯片,应单击_____按钮。

3. 向幻灯片中插入图片文件的操作为单击"插入|图片"下的_____菜单。

4. 可以为幻灯片中的文字、形状、图形等对象设置动画效果,设计基本动画的方法是在窗格中选择对象,然后使用"幻灯片放映"菜单中的_____。

5. 包含预定义的格式和配色方案，可以应用到任何演示文稿中创建独特的外观模版是_____。
6. 播放幻灯片的三种方法_____、_____和_____。
7. 在 PowerPoint 中，为测试幻灯片的播放时间，应使用幻灯片放映菜单下_____命令。
8. 在 PowerPoint 中，为使所有标题幻灯片在相同的位置显示同一个的图片，应在_____视图下插入图片。
9. 在 PowerPoint 中，单击一幅图片然后就可以打开一个 WORD 文件，这个功能是通过插入菜单的_____命令实现的。
10. 在 PowerPoint 中，以缩略图的形式查看幻灯片，应使用的视图是_____视图。

三、判断题

1. 在 PowerPoint 2010 中，一个演示文稿就是一张幻灯片。（　）
2. PowerPoint2010 提供的每一种幻灯片的版式是固定不变的，用户不能修改。（　）
3. 在 PowerPoint2010 中，可以将演示文稿以放映类型文件保存。（　）
4. 一个演示文稿中，可以设置多种不同风格的母版。（　）
5. PowerPoint2010 中，"文件"菜单的"打包"命令，是将演示文稿打包成可执行文件，从而可在未安装有 PowerPoint2010 软件的电脑上放映。（　）

四、问答题

1. 建立演示文稿的方法有哪几种？
2. 设计模板和幻灯片版式有什么不同？
3. PowerPoint 有几种视图方式，各适合那些操作？
4. 若在空白版式的幻灯片中输入文字，应如何操作？
5. 使用【幻灯片放映】按钮与使用【幻灯片放映】→【观看放映】菜单命令放映幻灯片有什么不同？
6. 如何给幻灯幻灯片片增加切换效果和动画效果？
7. 控制演示文稿中的幻灯片具有统一外观的方法有哪些？
8. 母版的作用是什么？
9. 何为讲义？讲义的作用是什么？
10. 打印演示文稿有几种方式？

项目六 计算机网络基础

技能拓展一 网络基础知识

一、单项选择题

1. 计算机网络的主要功能体现在。
   (A)信息交换 (B)资源共享 (C)分布式处理 (D)A、B、C

2. 计算机网络按可分为 LAN、MAN、WAN。
   (A)网络规模 (B)距离远近 (C)网络结构 (D)A、B

3. 局域网的英文缩写为。
   (A)WAN (B)LAN (C)MAN (D)JAN

4. 计算机网络系统是由计算机系统、网络系统软件组成的。
   (A)通信电缆   (B)环型网和远程网
   (C)环型网和星型网   (D)总线型和全连通型

5. 计算机网络系统中的每台计算机都是。
   (A)相互独立的 (B)相互制约的 (C)各自独立的 (D)毫无联系的

6. 下列不是典型的网络拓扑结构。
   (A)树型 (B)星型 (C)总线型 (D)发散型

7. 下列四组专用名词对照中是错误的。
   (A)电子邮件:E.Mail   (B)广域网络:WAN
   (C)办公自动化:OA   (D)电子布告栏:BBS

8. 所谓网络的指各节点在网络上的连接形式。
   (A)拓扑结构 (B)物理结构 (C)协议结构 (D)硬件结构

9. 总线型网络结构中,一个节点发送的信号。
   (A)只有目的节点能够接收   (B)其它节点均可接收
   (C)只有源节点上游的节点能够接收 (D)只有源节点下游的节点能够接收

10. 是目前局域网中采用最多的拓扑结构。
    (A)总线结构 (B)星型结构 (C)环型结构 (D)树型结构

11. 以下关于总线型结构不正确的叙述是。
    (A)信道利用率高   (B)资源共享能力强
    (C)节点故障会引起系统崩溃 (D)连接简单

12. 计算机网络研究始于20世纪年代。
    (A)50 (B)60 (C)70 (D)80

13. 是一种闭合的总线结构。
(A)总线结构　　　(B)星型结构　　　(C)环型结构　　　(D)树型结构

14. 树型结构的网络一般采用作为传输介质。
(A)无线传送　　　(B)光缆　　　(C)双绞线　　　(D)同轴电缆

15. 以下关于树型结构网络的叙述错误的是。
(A)容易扩展　　　　　　　　　(B)故障容易分离
(C)整个网络对根的依赖性较大　　(D)网络的根发生故障后,仍能继续工作

16. 世界上最早的计算机网络是美国的。
(A)DEPANET　　　(B)NSFNET　　　(C)ARPANET　　　(D)INTERNET

17. 以下关于环型网络的叙述错误的是。
(A)环路中各节点的作用和定位不同
(B)信息传输时间固定
(C)环型广泛应用于分布式处理中
(D)当节点发生故障时,整个网络不能正常工作

18. 一般而言,网络的拓扑结构会影响。
(A)传输介质的选择　　　　　　　(B)控制方法的确定
(C)节点运行速度和软、硬件接口复杂度　(D)A、B、C

19. 是影响网络性能的最重要因素。
(A)网络的拓扑结构　　　　　　　(B)介质访问控制方法
(C)传输介质　　　　　　　　　　(D)不确定

20. 通信协议是关于的约定。
(A)信息传输顺序　　(B)信息格式　　(C)信息内容　　(D)A、B、C

21. 1977年国际标准化组织制定了开放系统互连参考模型OSI/RM。
(A)WWW　　　(B)TCP/IP　　　(C)OSI　　　(D)ISO

22. OSI将整个网络的通信功能分为层。
(A)5　　　(B)6　　　(C)7　　　(D)8

23. 通常把计算机网络分为两大部分。
(A)通信子网和资源子网　　　　　(B)协议和资源
(C)软件和硬件　　　　　　　　　(D)信令子网和数据子网

24. 下列选项中,不属于计算机网络发展过程的4个阶段。
(A)具有通信功能的单机系统　　　(B)具有通信功能的多机系统
(C)计算机通信系统　　　　　　　(D)计算机互联网

25. 利用双胶线互连的网卡采用的接口是。
(A)ST　　　(B)SC　　　(C)BNC　　　(D)RJ-45

26. 双绞线点到点的通信距离一般不能超过。
(A)100m　　　(B)1km　　　(C)10km　　　(D)100km

27. 用来补偿数字信号在传输过程中的衰减损失的设备是。
(A)网络适配器 (B)集线器 (C)中继器 (D)路由器

28. 不是常用的无线传输方式。
(A)光缆 (B)卫星通信 (C)红外线和激光 (D)微波

29. 以下网络类型中，是按拓扑结构划分的网络分类。
(A)城域网 (B)无线网 (C)公用网 (D)混合型网络

30. 在计算机网络中，下列有关 bps 的说法正确的是。
(A) bps 指的是数据每秒传输的字节数
(B) bps 指的是数据每秒传输的计算机字数
(C) bps 指的是数据每秒传输的比特数
(D) bps 指的是数据每秒传输的指令数

31. 计算机网络中的计算机设备不包括。
(A)服务器 (B)工作站 (C)共享设备 (D)中继器

32. 计算机网络中的网络连接设备不包括。
(A)路由器 (B)网桥 (C)传输线 (D)文件服务器

33. 是网络的核心设备，负责网络资源管理和用户服务。
(A)路由器 (B)服务器 (C)网桥 (D)中继器

34. 路由器属于OSI模型的第层设备。
(A)3 (B)4 (C)5 (D)6

35. 具有路径选择功能。
(A)路由器 (B)服务器 (C)集线器 (D)中继器

36. 下列不是网络的传输介质。
(A)同轴电缆 (B)光纤 (C)微波 (D)调制解调器

37. 按照计算机网络的划分，可将网络划分为总线型、环型和星型等。
(A)地域面积 (B)通讯性能 (C)拓扑结构 (D)使用范围

38. 计算机网络的基本功能有。
(A)共享资源
(B)一个计算机系统同时访问多个其他计算机系统
(C)多个计算机系统同时访问一个计算机系统
(D)以上都是

39. 当两个以上不同种类的网络互连时应使用。
(A)路由器 (B)服务器 (C)网桥 (D)中继器

40. Internet 是一个。
(A)大型网络 (B)局域网 (C)计算机软件 (D)网络的集合

41. 中国教育科研计算机网的英文简称是。
(A)CERNET (B)INTERNET (C)NCFC (D)ISDN

42. 信息产业部要建立 WWW 网站，其域名的后缀应该是。
    (A)com.cn   (B)edu.cn   (C)gov.cn   (D)ac

43. 浏览 WWW 使用的地址称为 URL，URL 是指。
    (A)IP 地址   (B)主页   (C)统一资源定位器   (D)主机域名

44. 要想在发送电子邮件时传送一个或多个文件，可使用。
    (A)FTP   (B)Telnet   (C)WWW   (D)电子邮件中的附件功能

45. 在 Internet 中，下列有关主机域名与主机 IP 地址的说法，错误的是。
    (A)用户可以用主机的域名或主机的 IP 地址来访问该主机
    (B)主机域名和主机 IP 地址的分配不是任意的
    (C)用户可根据自己的情况规定主机的域名或 IP 地址
    (D)主机的域名在命名时是遵循一定结构的

46. DNS 的主要功能。
    (A)定义了一套为机器取域名的规则   (B)把域名高效地转换为 IP 地址
    (C)A、B 都是   (D)A、B 都不是

47. 把电子邮件从客户机传输到服务器，以及从某个服务器传输到另一个服务器的网络协议是。
    (A)POP3   (B)SMTP   (C)HTTP   (D)FTP

48. 在 Internet 提供的各种服务中，指的是远程登录服务。
    (A)BBS   (B)E-mail   (C)Telnet   (D)FTP

49. TCP/IP 协议指的是。
    (A)文件传输协议   (B)网际协议   (C)超文本传输协议   (D)一组协议的统称

50. 下列关于 E-Mail 功能的说法，正确的是。
    (A)在发送电子邮件时，一次只能发送给一个人
    (B)用户写完的 E-mail 不能保存，必须立即发送
    (C)利用转发功能，可将 E-mail 发送给其他人
    (D)用户在读完电子邮件后，服务器将自动删除已经阅读的邮件

51. 在 IP 地址的分配中，适合于中型网络。
    (A)A 类   (B)B 类   (C)C 类   (D)D 类

52. 号码为 202.93.120.44 的 IP 地址，最后一个字节为。
    (A)网络号   (B)主机号   (C)端口号   (D)子网掩码

53. 号码为 202.93.120.44 的 IP 地址，前三个字节为。
    (A)网络号   (B)主机号   (C)端口号   (D)子网掩码

54. 以太网的拓扑结构是。
    (A)环型   (B)星型   (C)总线型   (D)网络型

55. 在 Internet 浏览器上，某个主页地址为 www.public.hb.cn，则对应的主机域名是。
    (A)www.public.hb.cn   (B)public.hb.cn   (C)hb.cn   (D)public.hb

56. Intranet 是一种____。
(A) Internet 发展的一个阶段　　　　　(B) Internet 发展的一种新的技术
(C) 企业内部网络　　　　　　　　　　(D) 企业外部网络

57. Ipv4 地址是由____位的二进制数字组成。
(A) 8　　　　　(B) 16　　　　　(C) 32　　　　　(D) 64

58. 进行网络互连时，当总线网的网段已超过信号能够到达的最大距离时，可用____来延伸。
(A) 路由器　　　(B) 中继器　　　(C) 网桥　　　(D) 网关

59. 表示数据传输的可靠性指标是____。
(A) 误码率　　　(B) 频带利用率　　　(C) 传输速率　　　(D) 信道容量

60. 计算机网络协议是为保证通信而指定的一组____。
(A) 硬件电气规范　(B) 用户操作规范　(C) 程序设计语言　(D) 规则或约定

61. 在 ftp://ftp.nan.edu.cn/sample.txt 中，ftp:// 表示____。
(A) 协议类型　　(B) 主机名　　(C) 路径与文件名　　(D) 版本类型

62. 在 http://www.sohu.com/index.htm 中，index.htm 是____。
(A) 访问类型　　(B) 主机域名　　(C) 文件名　　(D) 访问方式

63. 一个 IP 地址由____组成。
(A) 网络号、主机号、端口号　　　　(B) 主机号、端口号
(C) 网络号、主机号　　　　　　　　(D) 网络号、端口号

64. 在 sff@hotmail.com 中，sff 为____。
(A) 用户的账号　(B) 邮件地址　(C) 服务器名称　(D) ISP 名称

65. ____负责全网数据处理和向网络用户提供资源及网络服务。
(A) 服务器　　　(B) 通信子网　　　(C) 资源子网　　　(D) 客户机

66. Internet 采用域名地址的原因是____。
(A) 一台主机必须用域名地址标识
(B) 一台主机必须用 IP 地址和域名地址共同标识
(C) IP 地址不便于记忆
(D) IP 地址不能唯一标识一台主机

67. 以太网的通信协议是____。
(A) TCP/IP　　　(B) SMTP　　　(C) CSMA/CA　　　(D) CSMA/CD

68. 以下叙述中，____不属于 ISDN 网的特点。
(A) 模拟通信　　　　　　　　　　(B) 为用户提供标准的开放接口
(C) 实现语音、数字的一体化传输　(D) 数字通信网

69. 如果个人计算机采用 PPP 拨号方式接入 Internet 网，则需要安装调制解调器和____。
(A) 浏览器　　　(B) UNIX　　　(C) 网络蚂蚁　　　(D) 网卡

70. 在 Internet 上，实现超文本传输的协议是____。
(A) Http　　　(B) Ftp　　　(C) WWW　　　(D) Hypertext

二、填空题

1. Internet 是指通过网络互连设备把不同的多个 _____ 和 _____ 互连起来形成的大网络。

2. ISP，即 Internet 服务提供者，ISP 是掌握 Internet _____ 的机构。

3. IP 地址分为 _____ 和 _____ 两部分。

4. 无线连接主要有 _____ 和 _____ 连接两种方式。

5. 电子邮件系统是一种利用电子手段进行信息的 _____、_____ 实现非实时的人与人之间的通信系统。

6. 电子邮件的工作是遵循 _____ 结构的。

7. 远程登录是一个在网络通信协议 _____ 的支持下，使自己的计算机暂时成为 _____ 的过程。

8. Internet 采用的通用协议是 _____。

9. 国际标准化组织制定的 OSI 参考模型将计算机网络的功能划分为 _____ 层。

10. 在 Internet 中，WWW 是英文 _____ 的缩写。

11. 计算机网络的功能主要体现在三个方面：_____、_____ 和 _____。

12. 从网络规模和距离远近可以将计算机分为：_____、_____ 和 _____。

13. 计算机网络中常见的拓扑结构有总线型、_____、_____、_____ 及混合型。

14. 传输介质还可用无线的方法来实现，常用的有 _____、_____、_____ 及微波。

15. 从逻辑上分，可以把计算机网络分成 _____ 和 _____ 两个子网。

16. _____ 命令用于检测网络连接是否正常。

17. 通过 _____ 可以把自己喜欢的以及经常使用的 Web 页或站点地址保存下来，方便以后可以快速打开该网站。

18. _____ 是一个提供信息检索服务的网站，它使用某些技术把 Internet 上的所有信息归类，以帮助人们在茫茫网海中快速搜索到所需要的信息。

19. 网络适配器又称为 _____，其英文简称是 _____。

20. Ipv6 是 _____ 的缩写，它是用于替代现行版本 IP 协议 IPv4 的下一代 IP 协议，Ipv6 具有 _____ 位的地址空间。

技能拓展二　计算机病毒

一、单项选择题

1. 计算机病毒的功能模块不包括。

(A) 引导模块　　　　　　　　　(B) 传染模块

(C) 表现或破坏模块　　　　　　(D) 攻击模块

2. 计算机病毒是一种。

(A)一种微生物 　　　　　　　　　(B)网络有害信息

(C)硬件缺陷 　　　　　　　　　　(D)程序

3. 计算机病毒一般分为。

(A)引导区型、文件型、混合型、宏病毒 　　(B)引导区型、文件型、宏病毒

(C)引导区型、文件型、混合型 　　　　　　(D)引导区型、文件型、复制型、宏病毒

4. 引导区型病毒主要通过软盘在操作系统中传播。

(A)DOS 　　　(B)UNIX 　　　(C)Linex 　　　(D)Windows

5. 引导区型病毒在软盘的第扇区。

(A)1 　　　　(B)2 　　　　(C)16 　　　　(D)64

6. 下列软件不是反病毒软件。

(A)KV300 　　(B)KILL 　　(C)CAD 　　(D)PC-Cillin

7. 文件型病毒传染的对象主要是类文件。

(A).DBF 　　(B).WPS 　　(C).COM 和.EXE 　　(D).EXE 和.WPS

8. 是计算机感染病毒的可能途径。

(A)从键盘输入数据 　　　　　　　(B)运行外来程序

(C)软盘表面不清洁 　　　　　　　(D)机房电源不稳定

9. 为了防止计算机病毒的传染,应该做到。

(A)干净的软盘不要与来历不明的软盘放在一起

(B)不要复制来历不明的软盘上的程序

(C)长时间不用的软盘要经常格式化

(D)对软盘上的文件要经常重新复制

10. 计算机病毒不可能蕴藏于。

(A)磁盘引导区 　　　　　　　　　(B)EXE 文件

(C)COM 文件 　　　　　　　　　(D)TXT 文件

11. 目前电脑病毒极为流行,最好的预防方法是。

(A)购买各种能除去电脑病毒的软件

(B)购买合法软件,勿私自进行不合法的拷贝

(C)聘请电脑方面专家来负责

(D)只要拷贝软件时,先进行检查看是否染有病毒即可

12. 病毒并未发作的情况下,出现以下现象可以怀疑计算机已经感染了病毒

(A)command.com 文件长度增加 　　(B)打印机不能打印

(C)显示器变暗 　　　　　　　　　(D)硬盘转动时发出响声

13. 以下现象不可以作为检测计算机病毒的参考

(A)数据神秘的丢失,文件名不能辨认 　　(B)有规律的发现异常信息

(C)磁盘的空间突然小了,或不识别磁盘设备 　　(D)网络突然断掉

14.发现计算机的硬盘中存在病毒,最干净彻底的清除办法是。
(A)用查毒软件处理   (B)删除磁盘文件
(C)用杀毒软件处理   (D)格式化硬盘

15.以下特征,不是计算机病毒主要特点的是。
(A)传染性和欺骗性   (B)危害性和隐蔽型
(C)保密性和完整性   (D)潜伏型和顽固性

16.关于计算机维护,下列说法中错误的是。
(A)对启动盘必须加以写保护
(B)应该定期用专用清洁剂清洁显示器
(C)暂时不使用计算机时,必须关闭计算机,减少耗电量
(D)在温度较高或较低的环境中,尽量不要长时间使用计算机

17.以下各种软件中,不可以用来杀死病毒的是。
(A)KILL   (B)KV300
(C)Scandisk   (D)瑞星

18.下列各种现象,可基本确定是感染了病毒的是。
(A)系统运行速度明显变慢或经常出现死机
(B)打印机提示"缺纸"
(C)硬盘指示灯变亮
(D)输入的字符间隔加大

19.以下各项工作,不属于计算机病毒的预防工作的是。
(A)不使用盗版的光盘   (B)建立数据备份制度
(C)建立微机局域网   (D)备份重要的系统参数

20.在下列操作中,不可能使自己的计算机感染上计算机病毒的是。
(A)将他人软盘上的文件拷贝至自己的计算机上并运行
(B)通过网络访问他人的计算机
(C)执行他人软盘上的程序
(D)从自己的计算机上拷贝文件到他人软盘上

技能拓展三   Internet 基础

一、选择题

1.计算机网络的基本功能,正确的是____。
(A)共享资源
(B)一个计算机系统同时访问多个其它计算机系统
(C)多个计算机系统同时访问一个计算机系统

(D)以上都是

2. 计算机网络的目标是实现____。
(A)数据处理　　　(B)文献检索　　　(C)资源共享和信息传输　　　(D)信息传输

3. 计算机网络按其覆盖的范围,可划分为_____。
(A)以太网和移动通信网　　　　(B)电路交换网和分组交换网
(C)局域网、城域网和广域网　　(D)星形结构、环形结构和总线结构

4. 当用户准备拨号连入 Internet 时,除了必须具备一台计算机、Windows 操作系统、一个 Internet 帐户之外,还需一个____。
(A)鼠标　　　(B)调制解调器　　　(C)扫描仪　　　(D)打印机

5. 目前网络传输介质中传输速率最高的是_____。
(A)双绞线　　　(B)同轴电缆　　　(C)光缆　　　(D)电话线

6. Internet 网是一种____网。
(A)LAN　　　(B)WAN　　　(C)MAN　　　(D)网际网

7. 计算机网络是按照____并将地理上分散且独立自主的计算机互相连接的集合。
(A)网络规定　　　(B)网络协议　　　(C)网络共享　　　(D)服务

8. 数据通讯中,计算机之间或计算机与终端机之间为相互交换信息而制定一套规则,称为____。
(A)通讯协议　　　(B)通讯线路　　　(C)区域网络　　　(D)调制解调器

9. ISP 是____的简称。
(A)传输控制层协议　(B)间际协议　(C)Internet 服务商　(D)拨号器

10. 与 Web 站点和 Web 页面密切相关的一个概念称"统一资源定位器",它的英文缩写是。
(A)UPS　　　(B)USB　　　(C)ULR　　　(D)URL

11. 统一资源定位器 URL 的格式是_____。
(A)协议://IP 地址或域名/路径/文件名
(B)协议://路径/文件名
(C)TCP/IP 协议
(D)http 协议

12. 计算机网络中两台机器能否通信取绝于____。
(A)是否同种 CPU　　　　　(B)是否使用同种操作系统
(C)是否使用同种协议　　　(D)是否使用同一串行口

13. Internet 网上的计算机的地址可以写成____格式或域名格式。
(A)绝对地址　　　(B)文字　　　(C)IP 地址　　　(D)网络地址

14. 主机的 IP 地址和主机的域名的关系是____。
(A)两者完全是一回事　　　　(B)一一对应
(C)一个 IP 地址对多个域名　(D)一个域名对多个 IP 地址

15. Internet 中的第一级域名 CN 一般表示____。
(A)美国　　　(B)中国　　　(C)加拿大　　　(D)日本

16. 人们常用域名表示主机,但在实际处理中,须由____将域名翻译成 IP 地址。
(A)TCP/IP　　(B)WWW　　(C)BBS　　(D)DNS

17. 下列各项中,不能作为域名的是。
(A)http://www.aa.edu.cn/　　(B)ftp.bua.edu.cn
(C)www.bit.edu.cn　　(D)http://www.lnu.edu.cn/

18. 下列域名中,表示教育机构的是____。
(A)ftp.bt.net.cn　　(B)ftp.cn.a.cn
(C)http://www.ioa.cn　　(D)http://www.bua.edu.cn

19. 域名是 Internet 服务提供商(ISP)的计算机名,域名中的后缀.gov 表示机构所属类型为____。
(A)军事机构　　(B)政府机构　　(C)教育机构　　(D)商业公司

20. Internet 上,访问 Web 信息时用的工具是浏览器。下列____就是目前常用的 Web 浏览器之一。
(A)Internet Explorer　　(B)Outlook Express
(C)Yahoo　　(D)FrontPage

21. ____叫主页。
(A)WWW 中比较重要的页面
(B)导航系统一启动时就能自动连接到的那个文档
(C)Internet 的技术文件
(D)Netscape 导航系统的电子邮件界面

22. 在网页中,凡是将鼠标移到表示链接的文字或图形上时,鼠标指针的形状会变成_____形状。
(A)箭头　　(B)十字　　(C)一只小手　　(D)一只小鸟

23. 浏览器的用户最近刚刚访问过的若干 Web 站点及其它 Internet 文件的列表叫做_____.
(A)历史列表　　(B)个人收藏夹　　(C)地址簿　　(D)主页

24. 电子邮件是一种计算机网络传递信息的现代化通讯手段,与普通邮件相比,它具有_____的特点。
(A)免费　　(B)安全　　(C)快速　　(D)复杂

25. 一般情况下,从中国往美国发一个电子邮件大约____时间内可以到达。
(A)几分钟　　(B)几天　　(C)几星期　　(D)几个月

26. 关于电子邮件,下列说法中错误的是____。
(A)发送电子邮件需要 E-mail 软件支持
(B)发件人必须有自己的 E-mail 账号

(C)收件人必须有自己的邮政编码

(D)必须知道收件人的 E-mail 地址

27. 如果电子邮件到达时,你的电脑没有开机,那么电子邮件将____。
　　(A)退回给发信人　　　　　(B)保存在服务商的主机上
　　(C)过一会对方再重新发送　(D)永远不再发送

28. 通过 Internet 发送或接收电子邮件(E-mail)的首要条件是应该有一个电子邮件(E-mail)地址,它的正确形式是____。
　　(A)用户名@域名　　　　　(B)用户名#域名
　　(C)用户名/域名　　　　　(D)用户名.域名

29. 电子邮件是 Internet 应用最广泛的服务项目,通常采用的传输协议是____。
　　(A)SMTP　　　(B)TCP/IP　　　(C)CSMA/CD　　　(D)IPX/SPX

30. 电子邮件是世界上使用最广泛的 Internet 服务,下面____是一个电子邮件的地址。
　　(A)Jiangdw@127.110.110.21　　(B)http://127.110.110.46
　　(C)ftp.nctu.edu.cn　　　　　　(D)Ping 198.105.232.2

二、填空题

1. 计算机网络具有丰富的功能,其中最重要的是通信和____。

2. 通过网络互连设备将各种广域网和局域网互连起来就形成了全球范围内的____网。

3. 为了利用邮电系统公用电话网的线路来传输数字信号,必须配置____。

4. Internet 实现了分布上全球范围内的各种网络互连。其通信协议是____。

5. 在计算机网络中,通信双方都必须遵守的规则和约定叫____。

6. 有这样一个域名:yinte.edu.cn,其中 edu 表示____;cn 表示____。

7. 人们把计算机网络中实现网络通信功能的设备及其软件的集合称为网络的____子网,而把网络中实现资源共享功能的设备及其软件的集合称为____子网。

8. 若你的计算机已接入 Internet,用户名为 WANG,申请到的邮件服务商主机域名为 public.tpt.fj.cn,则你的 E-Mail 地址应该是____。

9. 为客户提供接入因特网服务的代理商的简称是____。

10. E-Mail,俗称电子____。

11. 在浏览 WEB 网的过程中,如果你发现自己喜欢的网页并希望以后多次访问,应当使用的方法是将这个页面的地址____。

三、判断题

1. modem 用来对传输的数字信号进行放大。(　　)

2. http:\www.hotmail.com\p1\html 是一个合法的网页地址。(　　)

3. E-mail 地址中用户名与主机域名间用"@"分隔。(　　)

4. 在浏览器的地址栏填 202.114.24.1 也可以进行浏览。(　　)

5. 每一个文件无论它以何种方式存储在 WWW 服务器上，都有唯一的一个 URL 地址。（　　）
6. WWW 服务器使用统一资源定位器 URL 编址机制。（　　）
7. 域名不分大小写。（　　）
8. 拨号上网必须要加调制解调器。（　　）
9. Internet 上，一台主机可以有多个 IP 地址。（　　）
10. WWW 是一种基于超文本方式的信息检索服务工具。（　　）
11. Internet（因特网）上最基本的通信协议是 TCP/IP。（　　）
12. 域名后缀为 com 的主页一般属于商业机构。（　　）
13. 在 IE 中可以将任何网页设置成自己的主页（　　）
14. 电子邮件可以同时分发给多个有邮件地址的计算机用户。（　　）

△ 第二部分 技能训练

项目一 计算机基础知识

技能训练一 计算机指法练习

一. 实验目的

1. 掌握键盘的基本键区
2. 熟练掌握盲打技巧

二. 实验内容

(一)键盘的键位

第一区:打字键区

打字键区是键盘上占面积最大的一个区域,这个区域内的键与一般英文打字机的键位是一样的。打字键区是键盘上最主要和最常用的部分,不论输入英文还是中文,主要都靠这个区域中的键。这个区主要是一些英文字母键、数字键、符号键和控制键。

打字区中一些比较常用的字符键和控制键如下:

1. 空格键(键盘下部最长的那个键)

当按下此键时,它会把一个空格送往计算机,同时在屏幕上当前光标位置处没有任何符号显示只是形成一个小空白。如果是在"Insert"关闭状态下的话,那原来在当前光标所在位置的字符就会被替换。

2．上档切换键 Shift(打字键区下方左右各有一个,两个键都是一样的,随便按哪个都可以)

当不是处于大写锁定状态时,按下该键并同时按其它某个键,便可实现上键名功能(比如想输入数字 1 上面的感叹号)或使小写状态临时转换为大写状态(按一次只对一个字符有效,需要连续使用时需多次按下或按着不放)。

3．控制键 Ctrl(打字键区下方左右各有一个,两个键都是一样的,随便按哪个都可以)

这个键总是与其它键同时使用,以实现各种功能,这些功能是被操作系统或其它应用软件定义的。比如 Ctrl + X、Ctrl + C、Ctrl + V 分别为剪切、复制和粘贴。(注:+ 号的意思是按着 Ctrl 键不放,然后按另一个键,然后同时放开两个键)

4．转换键 Alt(打字键区下方左右各有一个,两个键都是一样的,随便按哪个都可以)

这个键也总是与其它键同时使用,一般是快捷选取某个菜单或某个按钮或选项,比如当前窗体中有文件菜单的话,那一般按 Alt + F 就是打开文件菜单的快捷键;当前窗体中有"确定"按钮的话,那一般按 Alt + O 就是这个按钮的快捷键。如果有留意的话你会发现,这些项后面带下划线的字母就是它的快捷键字母。

5．大写锁定键 Caps Lock

这个键可将字母输入设置为大写状态,但对其他键无影响。当处于大写锁定状态时,按住 Shift 键再按字母会变成临时输入一个小写。当设置为大写状态时,键盘右上角的 Caps Lock 指示灯会亮的,灯灭表示当前是小写状态。

6．回车键 Enter

这个键一般是确认用的。按了后,焦点所在的控件对应的功能会被调用,比如将焦点移到一个按钮上,然后按回车,就等于是用鼠标按了这个按钮;用方向键将焦点移到一个菜单项上按回车,就等于是选了这个菜单项,相应的功能也会被启用。

7．退格键(打字键区右上角的一个键,一般标有"←"或"←BackSpace")

用这个键可以删除当前光标位置的左边一个字符,并将光标左移一个位置。

8．跳格键 Tab

这个键用来将光标右移到下一个跳格位置,按着 Shift 再按它时,就是向左跳。在程序窗口中,它也可以做为移动当前焦点用,按一下它时,焦点就移到下一个控件上,按回车就可以启用焦点所在控件的功能,比如按一下按钮。

第二区:功能键区

为了给输入命令提供方便,键盘上特意设置了一些功能键,它们的具体功能由操作系统或应用程序来定义。功能键区的键位于打字键区的上方,包括 F1 至 F12、取消键 Esc、暂停键 Pause Break、打印屏幕键 Print Screen、滚动锁定键 Scroll Lock 等 16 个键。在这组键中,F1 到

F12 可以与 Alt、Ctrl 等键组合使用,构成更多的功能组键,由于具体功能是由应用程序定义的,所以在此无法详细说明功能,请留意相应软件的帮助文文件或菜单项右边显示的快捷键。

第三区:编辑键区

这个区是编辑键区,在这个区中共有 10 个键,分别是插入键(Insert)、删除键(Delete)、移到行首(Home)、移到行尾(End)、向前翻页(Page Up)、向后翻页(Page Down)和 4 个方向键,这些都是与编辑有关的键,你可以在大部分对文本进行编辑的场合中使用,因为它的功能是固定并通用的,一般不会由于软件的不同而有造成功能差异(除非软件重新对这些键进行功能定义,但这类软件极少)。

下面简介一下各个键的功能:

1. 插入键(Insert)

这个键是一个状态表示键,它开启时,在字符中间输入新字符时,右边的所有字符顺序向右移一个位置,以腾出空间来放新插入的字符。当它关闭时,新插入的字符将替换掉右边的一个字符。重复按它可以在两种状态之间转换,只要不再按它,那它的当前状态是固定的,不必跟使用 Shift 一样每次都要按,它并没有指示灯,所以要在使用中感觉它的状态。

2. 删除键(Delete)

它用来删除当前光标位置右边的一个字符,字符被删除后,光标右边所有字符向左移一位,以填充刚删除的字符的空位。

3. 移到行首(Home)

按此键时光标移到本行的第一个字符处。

4. 移到行尾(End)

按此键时光标移到本行的最后一个字符处。

5. 向前翻页(Page Up)和向后翻页(Page Down)

这两个键常用来实现光标的快速度移动,比如在分页的文本框中,按 Page Up 可以快速地移动到上一页中;按 Page Down 可以快速地移动到下一页中。

6. 上下左右 四个方向键

按键后,光标向相应方向移动一行或一列。

第四区:辅助键区

第四个区为数字辅助键盘区,位于键盘的右方。这组键大部分有两个功能,它们被数字锁定键 NumLock 控制着。当键盘右上方的数字锁定指示灯"Num Lock"亮时,这组键专门用来输入数字和进行四则运算,这时这组键中包括 0 到 9 十个数字键,还有加、减、乘、除 4 个符号及 1 个回车键。当再按一下 NumLock 键,使指示灯灭时,本区等同于编辑键区,其功能与上述的第三区(编辑键区)相同,只是有些键的标识用了缩写形式。你可以根据需要重复按 Num Lock 来进行功能的转换。

(二)指法练习

1. 打字的基本要求

(1)打字的姿势

正确的打字姿势是熟练掌握打字技术的前提。正确的打字姿势要求操作者正对键盘端坐,腰部挺直,两膝平放,双脚自然踏放在地板上,上身微向前倾。操作者的中轴线正对打字键盘区的中心位置。座位高低要合适,要使两肘与键盘处于相同水平线上。上身与键盘相距20cm 大臂自然下垂,小臂与大臂自然呈90度,并微靠近身躯,小臂与手腕不应供起或接触键盘。手掌与键盘斜度相等,并与键盘相距2-3cm,手指自然弯曲,掌心向下,似握着一个鸡蛋,使手指与字键垂直,并轻轻放在基本键位上,双眼视线落在左侧或右侧的原稿上。

(2)打字的要领

打字者再操作时必须集中精力,击键要果断.迅速,击键后要立即弹起,手指返回原位,犹如手指触在针尖上一样,不能出现按键或凿键的错误动作。击键的力量也要均匀,但力量不应过大,否会减少键盘的使用寿命。击键时不能同时击打两个字符键,应击完一键在击一键,以免造成输入错误。再此还要强调一点,打字时,眼睛只能看原稿和屏幕上的显示,切不可只图一时方便而看着键盘打字,尤其是初学者应该特别注意,若养成看键盘打字的错误习惯,不仅打字速度不能提高而且还会造成许多不便。学习者再练习打字时,还应避免一些不正确的动作和方法,如口念原稿、窥视键盘及手腕放在支撑物上。应不断总结打错字的原因,并及时纠正,做到循序渐进。

2. 打字的基本指法

标准的指法是根具字键的使用频率,把各个键按分布情况合理的分配给双手的各手指进行击键的科学方法。按照标准的指法打字,可以有效的提高打字的速度。标准的指法中,打字机键盘区分成了九个区域,由十个手指分管,左手小拇指分管五个键,分别为1,Q,A,Z,Shift 键。同时左边的一些控制键由于使用频率不是很高,也由该手指分管。左手无名指分管四个键,分别为:2,W,S 和 X 键。左手中指分管四个键,分别为:3,E,D 和 C 键。左手食指分管八个键,分别为:4,R,F,V,5,T,G 和 B 键。右手食指分管八个键,分别为:6,Y,H,N,7,U,j 和 M 键。右手中指分管四个键,分别为:8,I,K 和,键。右手小拇指分管比较多,除0,-,=,P,[,],;,/和右 Shift 键外,也可用左手拇指击键。再各个键中 A,S,D,F,J,K,L,;,被称为基本键,而其他的键被称为范围键。再操作中,手指放在基本键上,基本键得手指不能随意弄乱;击键时 ,每个手指只能击打自己分管的字键,不能越区击键。

3. 利用金山打字通软件进行指法练习。

软件的下载地址:http://www.kingsoft.com/index.shtml

技能训练二 组装电脑

一．实验目的

1. 了解计算机硬件的基本组成
2. 掌握计算机硬件组装的基本知识与过程。

二．实验内容

在硬件机房组装一台电脑。

1. 安装 CPU。
2. 安装内存。
3. 安装主板。
4. 安装硬盘。
5. 安装光驱。
6. 安装扩展卡。
7. 连线。

项目二 Windows 7 操作系统

技能训练三 记事本的使用

一、实验目的

1. 熟悉记事本的使用
2. 掌握记事本的操作技巧

二、实验内容

利用记事本新建一个文本文件,输入下列内容,并完成相应操作要求。

翻阅旧报,几则医家楹联重现眼帘。浙江宁波名医范文甫的门联写着:"但愿人常健,何妨我独贫"。江西吉水一位医生兼开一中药铺,他在门上高挂:"但祈世间人无病,何愁架上药尘生"。湖南湘乡有位老医生的对联为:"何须我千秋不老,但愿人百病莫生"。这些楹联,都竭诚地表达了这些老医者的高尚情操和医德,读来让人敬佩。

操作要求:
(1)字体设为隶书、四号字。
(2)将第一句话移动到最后。
(3)设置自动换行。
(4)将文中的"医生"替换为"doctor"。
(5)将文件保存在 D 盘,文件名为"医德.txt"。
(6)比较"保存"和"另存为"的区别。

技能训练四 画图工具的使用

一、实验目的

1. 熟悉画图工具的使用
2. 掌握画图工具的操作技巧

二、实验内容

使用画图工具绘制如下图形:

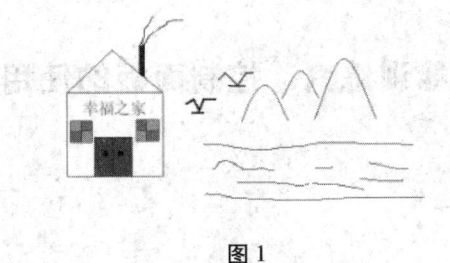

图 1

操作要求：

画布大小为 700×400 像素，图中字体为：宋体，22 号字，进行透明处理。将文件以"我的家园"为名保存在 D 盘，并将其设置为墙纸(平铺)。

技能训练五 文件、文件夹的操作

一．实验目的

1. 掌握文件的复制
2. 掌握文件的移动
3. 掌握文件的删除
4. 掌握文件夹的创建

二．实验内容

1. 在网络上下载腾讯 QQ2013 版。并保存在 C 盘的根目录。
2. 把 QQ 软件移动到 D 盘根目录。
3. 复制 QQ 软件到 E 盘的 AA 文件夹内。(可以自己创建名为 AA 的文件夹)
4. 删除 D 盘根目录的 QQ 软件。
5. 将 C21 文件夹及其内部全部内容移动到 C20 文件夹下。
6. 将文件 COUNTY.TXT 删除。
7. 把文件 STARE.TXT 复制到 B44 文件夹下。
8. 把文件夹 C51 重命名为 GLASSES。
9. 在 C72 文件夹下新建名为 PIC.BMP 的位图文件，并重命名为 LIST.TXT。
10. 请将 C104 文件夹下的名为 computer.txt 的文件重命名为"计算机.txt"。

技能训练六 控制面板的使用

一. 实验目的

掌握控制面板的使用

二. 实验内容

1. 把屏幕的分辨率设为 800x600,16 位增强色。
2. 在网上下载一幅分辨率为 800x600 的风景图片,并设置该图片为背景。
3. 把麦克风设置为声音的输入源。
4. 调整系统时间为 2013 – 6 – 24
5. 为系统创建名为 HAPPYBOY 的用户。
6. 设置鼠标为单击打开窗口。
7. 查看计算机硬件设备的情况。
8. 为系统添加郑码输入法。
9. 设置变幻线屏幕保护,时间为 5 分钟。

项目三　中文字处理软件 Word 2010

技能训练七　Word 2010 文档的基本操作

一. 实验目的

1. 掌握使用 Word 2010 启动和退出方法；
2. 掌握在 Word 2010 中输入中、英文字的方法；
3. 掌握 Word 2010 文档的创建、输入、打开、保存和关闭；
4. 掌握 Word 2010 文档的一般编辑方法：选定、插入、删除、剪切、粘贴、复制、移动、替换等；
5. 掌握在 Word 2010 中普通、页面、大纲、Web、阅读版式。

二. 实验内容

1. 启动 Windows 7 后，在桌面上 Word 2010 快捷图标。尝试启动、退出 Word 2010，观察其启动、结束的情况是否正常，同时观察在正常启动后 Word 2010 的窗口状态、缺省文档名、工具栏的组成等内容是否与教材讲解的一致。

2. 请用最便捷的方法和最恰当的编辑手段，使用宋体五号字，输入下述文字，如图 2。

消费者真的捉摸不定吗？他们的购买行为无章可循吗？这些已成为商人们最为关心的问题。

心理研究发现，消费者的"喜怒无常"只是一种表象，在其行为背后，都有某种动机在支撑着。

例如，心理学家认为刷牙的原因会因人而异。有些人，确实意识到细菌的滋生，因而对腐蚀两字特别敏感。近年来有些牙膏广告强调"抗腐作用"就是利用了这些消费者的心理需求。

史考特是何许人也？

H·T·史考特（1869—1955）是世界著名的心理学家，广告心理战的创始人之一。

史考特出生于新教徒之家，一度立志要成为神学院的学生。

1901 年转入西北 university，成为西北 university 的终身教授。

他发现：

广告能否引起消费者的注意，是相对的。

感情诉求方式比理性说教更吸引人。

广告内容应当简明扼要、浅显易懂。

广告心理战--之史考特下海

图 2　文字输入

三. 技能要求

1. 保存文档为 D:\个人姓名\test1.doc。
2. 打开刚保存的 test1.doc。
3. 移动"广告心理战——之史考特下海"到文档首，作为标题。
4. 删除"如果广告人能设身处地为他们的需要着想，就会找到消费者心中的那根弦。"

5. 复制"例如"开始的段，放到文档未。
6. 撤销前面的复制命令。
7. 在 Word 2010 中普通、页面、大纲、Web、阅读版式，查看不同的显示效果。
8. 把"大学"替换成"university"。
9. 保存文档退出。

技能训练八　文档的格式化 1

一．实验目的

1. 掌握字符的格式化的方法。
2. 掌握段落的格式化的方法。
3. 掌握格式上的使用的方法。
4. 掌握项目符号和编号的使用方法。
5. 掌握边框和底纹的使用的方法。
6. 掌握首字下沉和中文版式的应用。

二．实验内容

1. 打开文档 test1 文档。
2. 整篇文档设置为"华文中宋"字体。
3. 设置"喜怒无常"四个字为"黑体、蓝色、小四号、加着重号、位置提升 2 磅"。
4. 利用格式刷复制"喜怒无常"的格式到"抗腐作用"。
5. 设置"例如"开始的段落，左右缩进 2 字符，首行缩进 2 字符，段后距离 0.5 行，行间距为固定值 20 磅。
6. 选定"史考特是何许人也？"，设置文字效果为"赤水情深"，并添加字符阴影。
7. 设置标题为标题二格式，并居中显示。
8. 为"史考特是何许人也？"后的三段，设置项目符号为第二行的一列的格式。
9. 为"他发现"的后面三段添加编号为第一行第三列的格式。
10. 设置"例如"开始的段落为等宽的两栏，要分隔线。

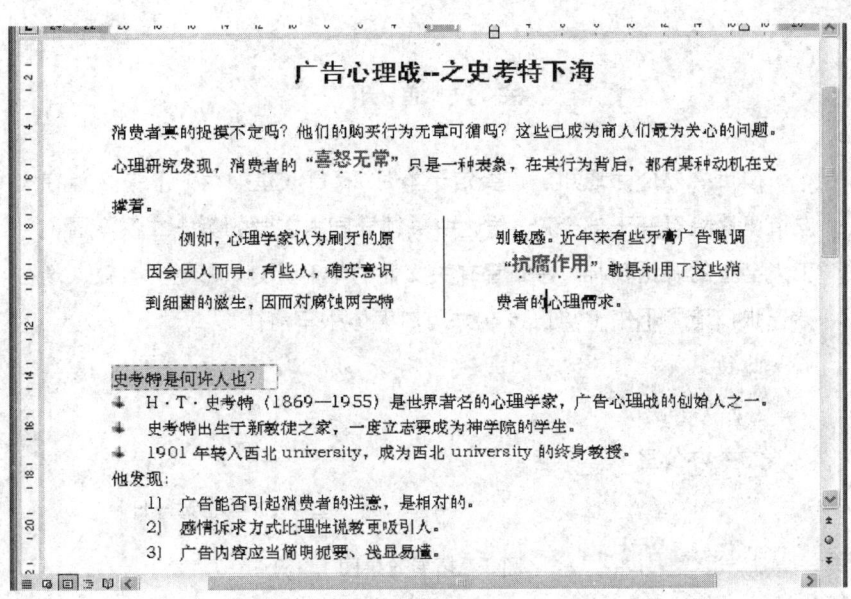

图 3 文档格式化

技能训练九　文档的格式化 2

一. 实训目的

掌握字体格式的设置

二. 实训内容

会议通知

> 会议通知
> 按市委办公厅通知，市委定于本月二十五日（星期六）下午二时在友谊电影院召开干部会议，传达中央领导同志在党的第十二次全国代表大会上的讲话精神，并布置有关文件的学习计划。先送上会义入场券一张，请于下午一时正，在大门口集体乘车前往。
> 此致
> ×××同志
> 党委办公室
> 二０一０年九月二十日

图 2　文档原始图

会 议 通 知

　　按市委办公厅通知，市委定于本月 25 日（星期六）下午 2 点在友谊电影院召开干部会议，传达中央领导同志在党的第十二次全国代表大会上的讲话精神，并布置有关文件的学习计划。先送上会议入场券一张，请于<u>下午 1 点</u>正，在大门口集体乘车前往。

　　此致

　　X X X 同志

　　党委办公室

二 O 一 O 年九月二十日

图 3　拓展效果图

三. 技能要求：

1. 标题设置为黑体、三号字、加粗、居中。
2. 将标题的字符间距加宽 5 磅。
3. 标题的段前间距为 2 行，段后间距为 1 行。
4. 正文设置为宋体、四号字。
5. 文中最后的日期设置为宋体、小四号字。
6. 文中各段落首行缩进 2 个字符。
7. 文中最后的日期左缩进 25 个字符。
8. 正文行间距设置为固定值 25 磅。
9. 为文中"25 日"和"2 点"加着重号。
10. 为文中"下午 1 点"加红色单实线下划线。
11. 将文中的所有"会义"替换为"会议"。

技能训练十　文档的格式化 3

一. 实训目的

掌握字体、段落的格式设置

二. 实训内容

药品说明书"奈邦"的简单格式化

奈 邦

【简述】
　　使用于类风湿性关节炎的症状治疗，疼痛性骨关节炎（关节病、退行性骨关节病）的症状治疗。
【其它】
　【通用名】美洛昔康分散片
　【汉语拼音】MeiLuoXiKangFenSanPian
　【英文名】Meloxicam Dispersible Tablets
　【化学名】4-羟基-2-甲基-N-（5-甲基-2-噻唑基）-2H-1,2-苯并噻嗪-3-甲酰胺-1,1-二氧化物
　【分子式】$C_{14}H_{13}N_3O_4S_2$
　【性状】本品为淡黄色或黄色片或薄膜衣片，除去膜衣后显淡黄色或黄色。
　【用量用法】口服，用水或流质送服吞咽。
　类风湿性关节炎：每天 15mg（2 片），根据治疗后反应，剂量可减至一日 7.5mg（1 片）。
　骨关节炎：一日 7.5mg（1 片），如果需要，剂量可增值一日 15mg（2 片）。
　对于不良反应有可能增加的病人：治疗开始剂量一日 7.5mg（1 片）。
　严重肾衰竭的病人透析时：剂量不应超过一日 7.5mg（1 片）。
　本品每日最大建议剂量为 15mg（2 片）。
　<u>儿童适用的剂量尚未确定，目前只限于成人使用。</u>
　【规格】7.5mg*12 片/盒
　【有效期】两年。
　【生产企业】江苏亚邦爱普森药业有限公司

图 4　效果文件图

三．技能要求：

1．将"分子式"中的数字设置成"下标"。
2．将标题行字体设置为黑体、加粗、三号字。
3．将标题的字符间距加宽 8 磅。
4．将正文中文字体设置为宋体、小四号，英文字体设置为 Times New Roman。
5．将"简述"和"其它"加粗。
6．为文中"用法用量"中的"口服"两字加着重号。
7．为"儿童适用的剂量尚未确定，目前只限于成人使用。"加红色的双下划线。
8．将标题居中。
9．将标题的段前间距设置为 20 磅，段后间距设置为 12 磅。
10．将"使用于类风湿性………症状治疗"一段，首行缩进 2 个字符。
11．将从"通用名"到最后的文本左缩进 2 个字符。
12．将正文行间距设置为固定值 20 磅。
13．将"汉语拼音 ………"一段移动到"英文名 ………"一段的前面。
14．将这个文件以"奈邦使用说明书"为文件名保存到 D 盘下。
15．关闭文档。
16．重新打开药品说明书文件。
17．以各种视图方式查看文档。

18. 给本文档设置打开密码。

19. 为标题段加 20% 的橙色底纹。（此题自主探究。提示：在"段落"组中点击"框线"按钮右侧的三角，在弹出的下拉列表中点击"边框和底纹"命令。）

技能训练十一　　文档的格式化 4

一．实训目的

掌握文档字体、段落、页面的格式设置

二．实训内容

我最喜欢的一个汉字

我最喜欢的一个汉字

中国文化历史悠久，从最早的甲骨文，发展到现在的宋体字，一个个字的演变，我们的汉字越来越多了。其中我最喜欢的就是那个"爱"字了。

"爱"字包含了许多令人深思的道理，因为你的某一种爱会对别人产生人生的转变，而别人会把你视为恩人，这就是一种特别的"爱"。朋友之间的爱称友爱；父亲对孩子的爱，叫父爱；同时也有母爱；还有老师对我们的关爱……在学校里，处处充满着爱的暖意，最近，在我身边也发生了令我难以忘怀的爱。

开学前几天，我的脚趾不小心踢到了门上，整个大脚趾甲翻了起来，顿时鲜血直流，疼得我两眼直冒金星，眼泪忍不住地往下掉。我心想：马上开学了，脚行动不方便，怎么办呢？

开学第一天，我一跷一跷地走在上学的路上，忽然从身后急急忙忙地跑来一个身影，原来是我的同桌孔一冰。她今天想早点到学校去，但是看到我这一跷一跷慢慢地向学校走去的情景，她马上停下脚步，扶着我到学校去。在学校里，她什么事都帮着我做：帮我交作业；中午吃饭时，帮我拿饭，盛汤；下课时，还扶着我去上厕所。我们俩就像亲姐妹一样，做什么事都形影不离。每当我提出让我自己来做时，她都会说："没关系的，你的脚不好，好好休息吧！让我来帮你做。"

就这样，她帮我做了几天的"活"儿，直到我的脚可以像往常一样在地上走路了。我觉得有这么一位同桌是我的荣幸。

这就是爱的真实故事，就发生在我的身边。就像那歌里唱的那样"只要人人都献出一点爱，世界会变成美好的人间！"

图 5　文件原始图

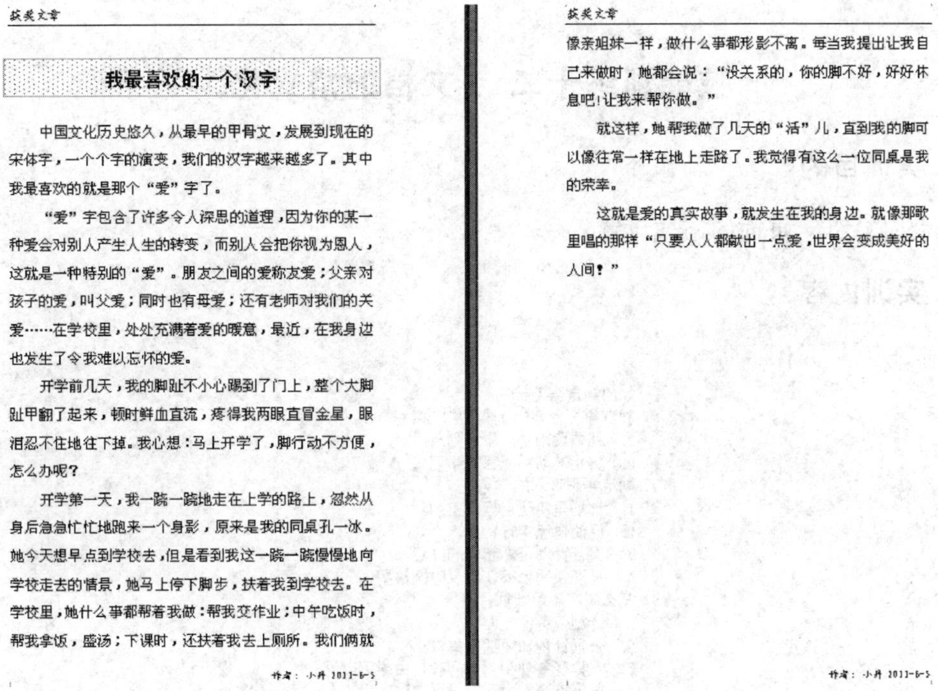

图6　文件效果图

三．技能要求：

1. 将页面纸张设置为 B5，页边距上、下均为 2 厘米，左右均为 3 厘米。
2. 标题段设置为黑体、小二号字、加粗、居中。
3. 将标题段的字符间距加宽 2 磅。
4. 标题段的段前间距为 2 行，段后间距为 1 行。
5. 正文设置为宋体、四号字。
6. 文中各段落首行缩进 2 个字符。
7. 正文行间距设置为固定值 27 磅。
8. 添加页眉和页脚。页眉内容"获奖文章"，楷体、小四号字、左对齐；页脚内容"作者：小丹"并在"小丹"后插入当前日期，页脚内容设置为楷体、五号字、右对齐。
9. 为文章的标题段加酸橙色、1.5 磅、实线边框；加 15% 的深黄色底纹。
10. 设置页眉和页脚距离边界均为 1.5 厘米。
11. 给文章第一行中"甲骨文"加尾注，内容是"甲骨文是中国已发现的古代文字中时代最早、体系较为完整的文字。"
12. 为文章加水印背景，水印内容"我最喜爱的一个字"。

技能训练十二　文档的格式化 5

一. 实训目的

掌握文档字体、页面的格式设置

二. 实训内容

如何制定学习计划

如何制定学习计划
制订学习计划的重要性：
1. 凡事预则立，不预则废。
2. 防止被动和无目的学习。
制定学习计划的作用：
1. 计划是实现目标的蓝图。
2. 促使自己实行计划。
3. 实行计划是意志力的体现。
4. 提高学习效率，减少时间浪费。
怎么制定学习计划：
1. 计划要考虑全面
2. 长远计划和短期安排
3. 安排好常规学习时间和自由学习时间
4. 对重点突出学习
5. 从实际出发来制定计划
6. 注意效果，及时调整
7. 计划要留有余地
8. 脑体结合，文理交替
9. 提高学习时间的利用率

图 7　文件原始

学习计划篇

如何制定学习计划

制订学习计划的重要性：

1. 凡事预则立，不预则废。
2. 防止被动和无目的学习。

制定学习计划的作用：

1. 计划是实现目标的蓝图。
2. 促使自己实行计划。
3. 实行计划是意志力的体现。
4. 提高学习效率，减少时间浪费。

怎么制定学习计划：

1. 计划要考虑全面
2. 长远计划和短期安排
3. 安排好常规学习时间和自由学习时间
4. 对重点突出学习
5. 从实际出发来制定计划
6. 注意效果，及时调整
7. 计划要留有余地
8. 脑体结合，文理交替
9. 提高学习时间的利用率

编辑：大路

图 8　文件效果图

三. 技能要求：

1. 将页面纸张设置为 B5，页边距上、下均为 2.5 厘米，左右均为 3 厘米。

2. 标题段设置为黑体、小二号字、加粗、空心效果、居中。

3. 将标题段的字符间距加宽 2 磅。

4. 标题段的段前间距为 2 行，段后间距为 1 行。

5. 将"制定学习计划的重要性""制定学习计划的作用""怎么制定学习计划"三段文字设置为宋体、四号字、加粗、段前间距设置为 26 磅、段后间距设置为 13 磅.

6. 除上述的三段文字，其它各段文字设置为宋体、小四号字、左缩进 2 字符、行间距为固定值 23 磅。

7. 添加页眉和页脚。页眉内容"学习计划篇"楷体、小四号字、右对齐；页脚内容"编辑：大路"，页脚内容设置为楷体、四号字、右对齐。

8. 为"学习计划的重要性"下面的两句话加酸橙色、1.5 磅、实线边框；加 15% 的深黄色底纹。

9. 使用"格式刷"，把上一步中的格式设置复制给"作用"和"怎样制定计划"下面的几句。如图 3-40 所示。

10. 页眉和页脚距离边界分别为 1.5 厘米和 2.5 厘米。

技能训练十三　文档的格式化6

一. 实训目的

掌握字体、页面的格式设置

二. 实训内容

文章"人为什么要自我管理"格式化

> 人为什么要自我管理
> 　　世界上没有一个人不想过好日子,过好日子的前提是什么?过好日子的前提是物质基础。怎样实现物质基础以满足必要的需求呢?人只有通过努力使自己的潜能得到最大程度的发挥,把自身的各种资源最大化地利用,获得最大的利益,这是过好日子的基础。但实际生活中并不是每个人都能够很容易获得这些东西,因此人就必须进行自我管理。
> 　　人要怎样进行自我管理?这是一个简单的问题,也是一门管理科学。自我管理和他人管理的目标都是一样的,手段及方法基本雷同。只要了解这些基本原理,就不难实现自我管理的目的。人进行自我管理的主要内容包括言行举止、品行素质、知识能力以及如何做事。人们如果能够明白这各个方面的作用、内容和做法,就懂得了最基本的自我管理常识,就比较容易进行自我管理,也比较容易管理好自己。
> 　　言行举止属于自我行为管理,基本要求是得体。人只有与人交流、与人打交道才能获得更大的收获,这个过程中人要通过得体的言行举止使别人认识自己,言行举止是否得体决定了对方是否愿意与你继续交往。人如果不能规范自己的言行举止,就会使人反感,别人反感自己,就不会过多地与自己进行交流、一起共事,同时就不会获得别人的支持,这样就陷入了孤立的境界,一个人本事再大与一个群体相比也只是很小的本事。所以言行举止是个人对外的窗口,必须认真对待,尽可能进行规范,做一个别人喜欢的人,才会赢得发展的机会。
> 　　品行素质属于自我综合管理,基本的要求是仁义礼智信。综合考量一个人的品行素质,就要从这几方面进行。无论哪个方面,对个人的发展和影响都非常大。比如说,一个人不讲信用,当自己遇到困难时,别人也不会帮助。
> 　　知识能力方面属于个人发展管理,基本要求是学以致用,讲究技巧。这是指要不断地学习,不断地运用,坚持把学习到的东西与实践联系起来,与自己的实际工作联系起来。不仅要学会认识规律,而且要学会利用规律。
> 　　如何做事的基本要求是会决策、有计划、有步骤。比如说你的一生打算做什么?人生的目标是什么?这是决策,然后要针对决定有计划、有步骤地进行,这才是正确的做事方法。
> 　　综上所述,人之所以要自我管理,是因为人要最大化地利用自我潜能和自身资源,以达到过上好日子的目的。而自我管理过程中,最重要的管理包括言行举止、品行素质、知识能力以及如何做事等方面的管理。

图9　文件原始图

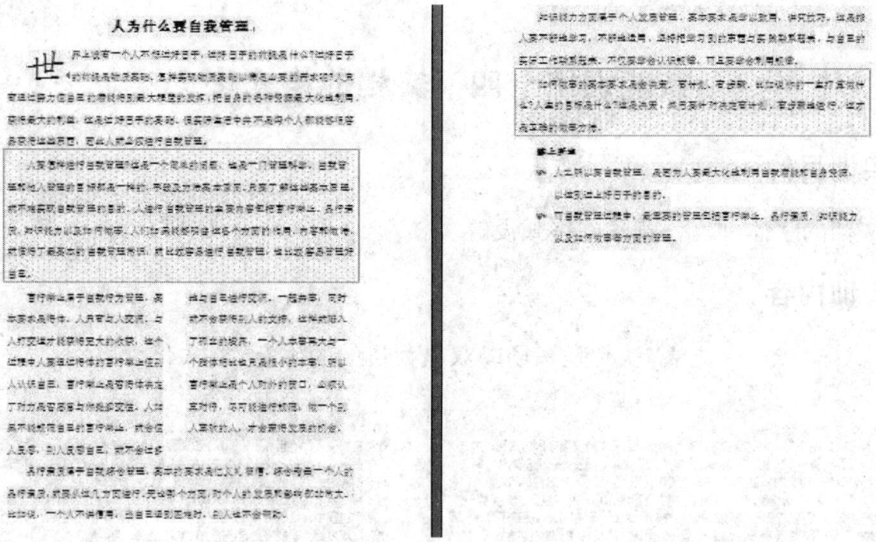

第二部分 技能训练

图 10　文件效果图

三. 技能要求：

1. 将标题段应用"标题"样式。
2. 将倒数第三段"综上所述"应用"要点"样式。
3. 将标题段的字符间距"加宽 2 磅"。
4. 标题段的段前间距为"6 磅"，段后间距为"18 磅"。
5. 正文中各段落"首行缩进 2 个字符"。
6. 正文字体设置为"宋体、小四号字"。
7. 正文行间距设置为"固定值 27 磅"。
8. 将正文第一段"首字下沉 2 行、楷体、距正文 0.2 厘米"。
9. 为文章第二段加"橄榄色、1.5 磅、实线边框;15% 的橙色底纹"。（颜色设置可自主）
10. 将文章第三段"分成两栏，加分隔线"。
11. 将文章第二段的格式应用到倒数第四段中。（提示:使用格式刷）
12. 为最后两段添加自定义项目符号。（项目符号要美观、颜色自主）

技能训练十四　文档的格式化 7

一. 实训目的

掌握文档的字体、段落、背景的格式设置

二. 实训内容

文章“谈判是一场以双赢为目的的生意”格式化

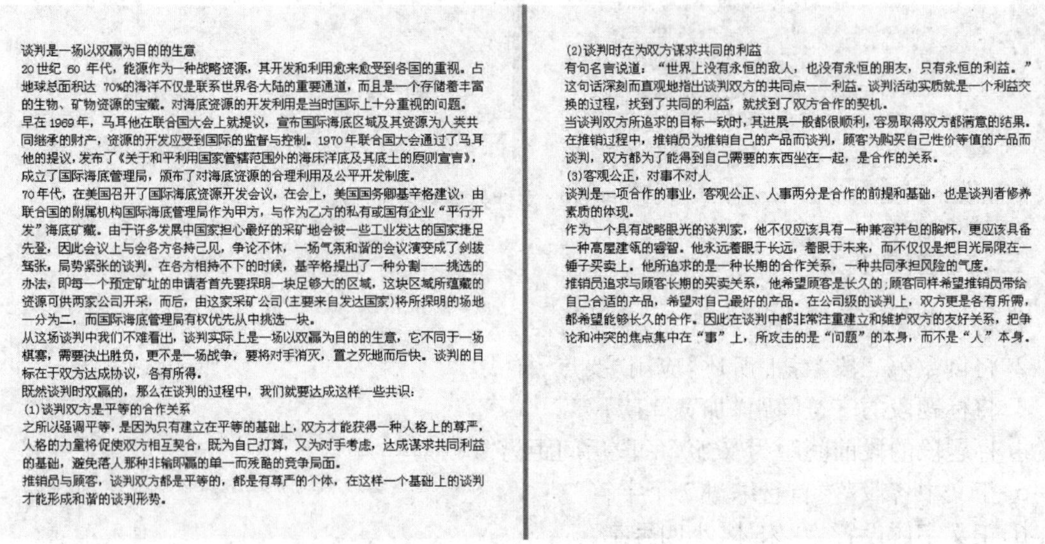

谈判是一场以双赢为目的的生意

20 世纪 60 年代，能源作为一种战略资源，其开发和利用愈来愈受到各国的重视。占地球总面积达 70%的海洋不仅是联系世界各大陆的重要通道，而且是一个存储着丰富的生物、矿物资源的宝藏。对海底资源的开发利用是当时国际上十分重视的问题。

早在 1969 年，马耳他在联合国大会上就提议，宣布国际海底区域及其资源为人类共同继承的财产，资源的开发应受到国际的监督与控制。1970 年联合国大会通过了马耳他的提议，发布了《关于和平利用国家管辖范围外的海床洋底及其底土的原则宣言》，成立了国际海底管理局，颁布了对海底资源的合理利用及公平开发制度。

70 年代，在美国召开了国际海底资源开发会议，在会上，美国国务卿基辛格建议，由联合国的附属机构国际海底管理局作为甲方，与作为乙方的私有或国有企业“平行开发”海底矿藏。由于许多发展中国家担心最好的采矿地会被一些工业发达的国家捷足先登，因此会议上与会各方各持己见，争论不休，一场气氛和谐的会议演变成了剑拔弩张，局势紧张的谈判。在各方相持不下的时候，基辛格提出了一种分割——挑选的办法，即每一个预定矿址的申请者首先要探明一块足够大的区域，这块区域所蕴藏的资源可供两家公司开采，而后，由这家采矿公司(主要来自发达国家)将所探明的场地一分为二，而国际海底管理局有权优先从中挑选一块。

从这场谈判中我们不难看出，谈判实际上是一场以双赢为目的的生意，它不同于一场棋赛，需要决出胜负，更不是一场战争，要将对手消灭，置之死地而后快。谈判的目标在于双方达成协议，各有所得。

既然谈判时双赢的，那么在谈判的过程中，我们就要达成这样一些共识：

(1)谈判双方是平等的合作关系

之所以强调平等，是因为只有建立在平等的基础上，双方才能获得一种人格上的尊严，人格的力量将促使双方相互契合，既为自己打算，又为对手考虑，达成谋求共同利益的基础，避免落人那种非输即赢的单一而残酷的竞争局面。

推销员与顾客，谈判双方都是平等的，都是有尊严的个体，在这样一个基础上的谈判才能形成和谐的谈判形势。

(2)谈判时在为双方谋求共同的利益

有句名言说道：“世界上没有永恒的敌人，也没有永恒的朋友，只有永恒的利益。”这句话深刻而直观地指出谈判双方的共同点——利益。谈判活动实质就是一个利益交换的过程，找到了共同的利益，就找到了双方合作的契机。

当谈判双方所追求的目标一致时，其进展一般都很顺利，容易取得双方都满意的结果。在推销过程中，推销员为推销自己的产品而谈判，顾客为购买自己性价等值的产品而谈判，双方都为了能得到自己需要的东西坐在一起，是合作的关系。

(3)客观公正，对事不对人

谈判是一项合作的事业，客观公正、人事两分是合作的前提和基础，也是谈判者修养素质的体现。

作为一个具有战略眼光的谈判家，他不仅应该具有一种兼容并包的胸怀，更应该具备一种高屋建瓴的睿智。他永远着眼于长远，着眼于未来，而不仅仅是把目光局限在一锤子买卖上。他所追求的是一种长期的合作关系，一种共同承担风险的气度。

推销员追求与顾客长期的买卖关系，他希望顾客是长久的；顾客同样希望推销员带给自己合适的产品，希望对自己最好的产品。在公司级的谈判上，双方更是各有所需，都希望能够长久的合作。因此在谈判中都非常注重建立和维护双方的友好关系，把争论和冲突的焦点集中在“事”上，所攻击的是“问题”的本身，而不是“人”本身。

图 11　文件原始图

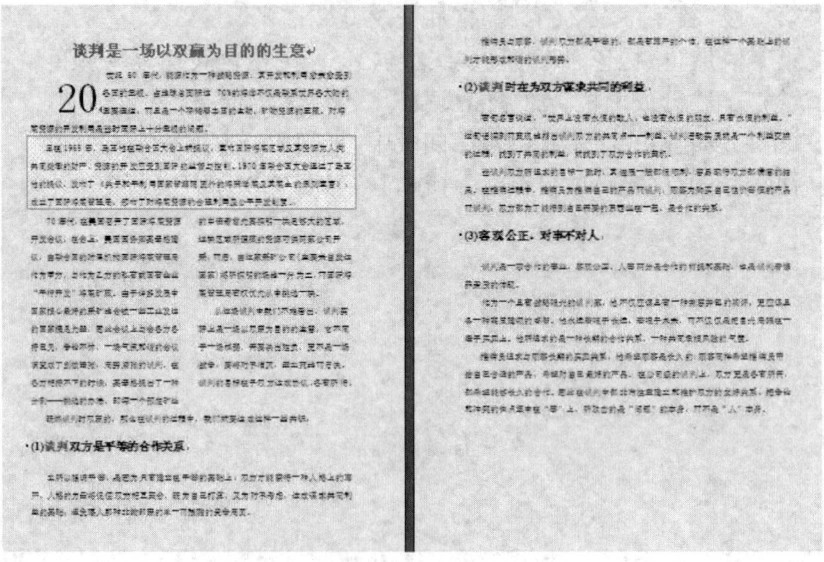

谈判是一场以双赢为目的的生意

20

(1)谈判双方是平等的合作关系

(2)谈判时在为双方谋求共同的利益

(3)客观公正，对事不对人

图 12　文件效果图

三. 技能要求:

1. 将"标题"样式的字体修改为"黑体、二号、加粗、居中、深蓝色、段前间距为 6 磅,段后间距为 18 磅"。

2. 设置"标题 3"的样式为"字体:三号、加粗;行距:多倍行距 1.73 字行、段前间距 13 磅、段后间距 13 磅;3 级"。

3. 标题段应用"标题"样式。

4. 将标题段的字符间距加宽 3 磅。

5. 将正文字体设置为"宋体、小四号";所有段落"首行缩进 2 个字符,行间距 25 磅"。

6. 将文中第一段的首字"20"下沉 3 行,距正文 0.1 厘米。

7. 给正文第二段加边框和底纹。(线型和颜色自主)

8. 将文中第三段和第四段分成两栏。

9. 将谈判中的三点共识应用"标题 3"的样式。

10. 将文中所有的"谈判"两字设置为"红色"。

11. 将文档背景设置为"羊皮纸"。(此题自主探究,提示:在"页面布局"功能面板中"页面背景"组中进行设置。)

技能训练十五　Word 中的表格制作 1

一. 实训目的

掌握 Word 文档中表格的设置

二. 实训内容

运动会比赛日程

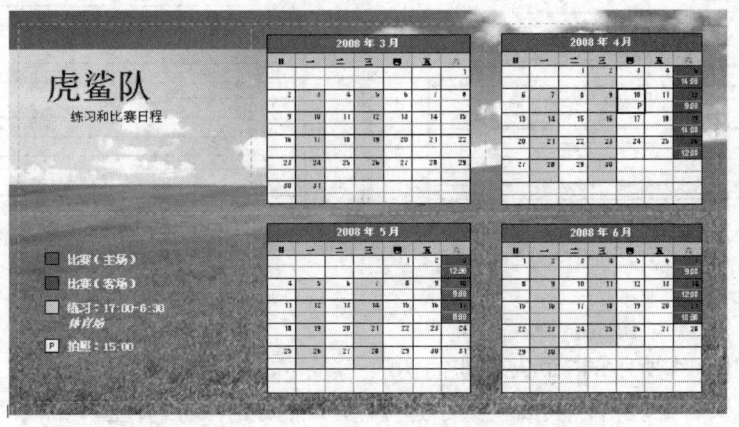

图 13　"运动会比赛日程"效果图

三．实训要求

1. 请绘制如图 13 所示的"运动会比赛日程"。
2. 插入的图片置于底层。
3. 请使用表格完成效果图中 6 个区域的划分。（表格的内外框线线形使用虚线）
4. 文字输入请使用文本框。

技能训练十六　　Word 中的表格制作 2

一．实训目的

掌握 word 文档中表格、页面的格式设置

二．实训内容

"个人求职简历"的制作

图 14　"个人求职简历"效果图

三．技能要求

1. 请绘制如图 14 所示的"个人求职简历"。
2. 参照素材文件，表格在页面中大小适中、美观、大方、项目齐全。
3. 单元格底纹颜色可以自主。
4. 使用"标题行重复"命令完成第二页中表头"个人求职简历"的填写。

技能训练十七　Word 中表格的制作 3

一. 实验目的

1. 掌握 Word 2010 表格的建立方法；
2. 掌握 Word 2010 表格结构的设置与修改方法（插入、删除、合并、拆分等）；
3. 掌握 Word 2010 表格内部文字的编辑方法。

二. 实验内容

1. 创建一个 3 列 8 行的表格；
2. 添加标题"广告收费表"并居中；
3. 表格那填入内容如下：

广告收费表

广告位置	广告项目	价格（人民币）
展馆外	彩虹门	10000 元
	条幅	1500 元
	气球条幅	2500 元
展会画册	封面	15000 元
	封底	13000 元
	封二	10000 元
	封三	8000 元

4. 在第二列和第三列之间增加 1 列并填入相应内容：

广告位置	广告项目	规格（宽×高）(CM)	价格（人民币）
展馆外	彩虹门	1600×700	10000 元
	条幅	1500×600	1500 元
	气球条幅	600×3000	2500 元
展会画册	封面		15000 元
	封底		13000 元
	封二		10000 元
	封三		8000 元

5. 将表格第 3 列的第 5 到第 8 个单元格合并成 1 个单元格，并填入"216×28"；
6. 删除第 1 行、第 1 列单元格中的"广告位置"，并把该单元格设置为斜线表头：行标题输入"说明"，列标题输入"广告位置"，其他默认；
7. 选择"表格自动套用格式"中的"典雅型"格式化表格；

8. 设置表中所有单元格内容水平对齐，第 1 行 l 第 2 列、第 1 行 l 第 4 列、第 5 行 l 第 3 列垂直居中；

9. 设置表格第 2 行"上框线"为双线，粗细为 1 l 2 磅；

10. 为第 1 行和第 1 列填充 15% 的灰色；

11. 缩小第 2 列的宽度；

12. 合并第 1 列第 2 到第 4 行为一个单元格，合并第 1 列第 5 到第 8 行为一个单元格，内部的文字中部居中。

13. 把文档保存为 test3，最终效果如下：

广告收费表

说明 广告位置	广告项目	规格(宽×高)(CM)	价格(人民币)
展馆外	彩虹门	1600×700	10000 元
	条幅	1500×600	1500 元
	气球条幅	600×3000	2500 元
展会画册	封面	216×28	15000 元
	封底		13000 元
	封二		10000 元
	封三		8000 元

技能训练十八　Word 中的表格制作 4

一．实训目的

掌握 word 文档中表格数据的设置

二．实训内容

"成绩单"的制作

姓名，高等数学，英语，计算机基础，总分↵
张成，68，76，83↵
赵凯，73，76，88↵
陈涛，88，83，92↵
李丽，85，90，98↵
林飞，90，88，91↵
各科平均分　↵

图 15　"成绩单"原始文件图

第二部分 技能训练

姓名＼科目	高等数学	英语	计算机基础	总分
张成	68	76	83	227
赵凯	73	76	88	237
陈涛	88	83	92	263
李丽	85	90	98	273
林飞	90	88	91	269
各科平均分	80.8	82.6	90.4	

图16 "成绩单"效果文件图

三. 技能要求

1. 将原始图中的文本转换成表格。
2. 请绘制与图16相同的"成绩单"。
3. 表格第一行行高为1.36厘米，列宽2.83厘米；其它行行高为0.93厘米。
4. 第一行的底纹设置为"金色"。
5. 数据在单元格中水平、垂直居中；字体为"楷体、小四号"。
6. 绘制斜线表头。
7. 使用公式计算每位同学的"总分"和"各科平均分"。

提示：

▶ 计算"总分"

(1)鼠标在"张成"的"总分"单元格中单击。

(2)打开"布局"功能面板，在"数据"组中，点击"fx 公式"，弹出"公式"对话框，如图17所示。

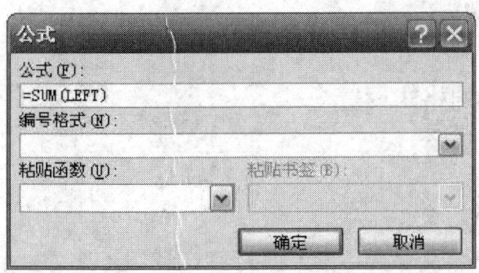

图17 "公式"对话框

(3)"公式"中的"SUM"是求和函数，"LEFT"是代表指定单元格的"左侧"所有数值数据。（公式中的字母大小写都可以）

(4) 点击"确定"。

▶ 计算"各科平均分"

(1)鼠标在"高等数学"的"平均分"单元格中单击。

(2)点击"数据"组中的"公式"，弹出图19。

(3)将"公式"中"="右边的原公式删除。

(4)单击"粘贴函数"下拉列表,选择"AVERAGE",并在其后的括号内输入"ABOVE"。"ABOVE"代表指定单元格上方所有数值数据。

(5)单击"确定"按钮,则计算出的结果会自动显示在该单元格内。

8.按"总分"字段降序排序。

提示:

(1)选中前6行。(最后一行不参加排序)

(2)打开"布局"功能面板,在"数据"组中点击"排序",弹出"排序"对话框,如图18所示。

(3)在"主要关键字"下拉框中选择"总分","类型"为"数字",选择"降序",单击"确定"按钮。

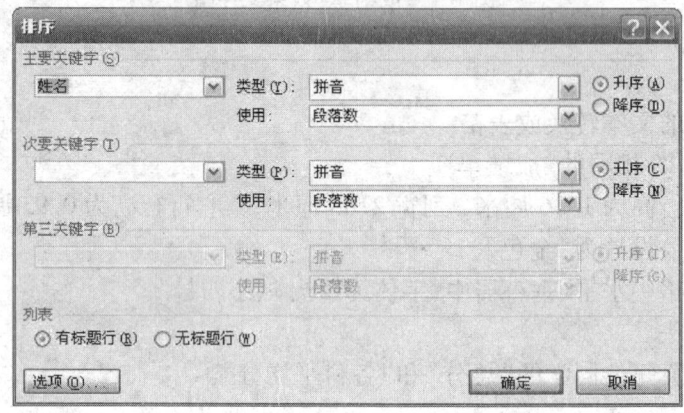

图18 "排序"对话框

技能训练十九 文档中的图文混排1

一.实训目的

掌握Word文档中图文的格式设置

二.实训内容

吸烟有害健康

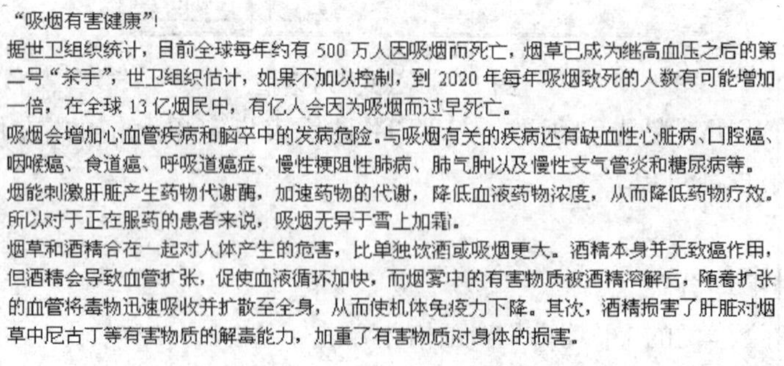

"吸烟有害健康"!

据世卫组织统计,目前全球每年约有500万人因吸烟而死亡,烟草已成为继高血压之后的第二号"杀手",世卫组织估计,如果不加以控制,到2020年每年吸烟致死的人数有可能增加一倍,在全球13亿烟民中,有亿人会因为吸烟而过早死亡。

吸烟会增加心血管疾病和脑卒中的发病危险。与吸烟有关的疾病还有缺血性心脏病、口腔癌、咽喉癌、食道癌、呼吸道癌症、慢性梗阻性肺病、肺气肿以及慢性支气管炎和糖尿病等。

烟能刺激肝脏产生药物代谢酶,加速药物的代谢,降低血液药物浓度,从而降低药物疗效。所以对于正在服药的患者来说,吸烟无异于雪上加霜。

烟草和酒精合在一起对人体产生的危害,比单独饮酒或吸烟更大。酒精本身并无致癌作用,但酒精会导致血管扩张,促使血液循环加快,而烟雾中的有害物质被酒精溶解后,随着扩张的血管将毒物迅速吸收并扩散至全身,从而使机体免疫力下降。其次,酒精损害了肝脏对烟草中尼古丁等有害物质的解毒能力,加重了有害物质对身体的损害。

图19 文件原始图

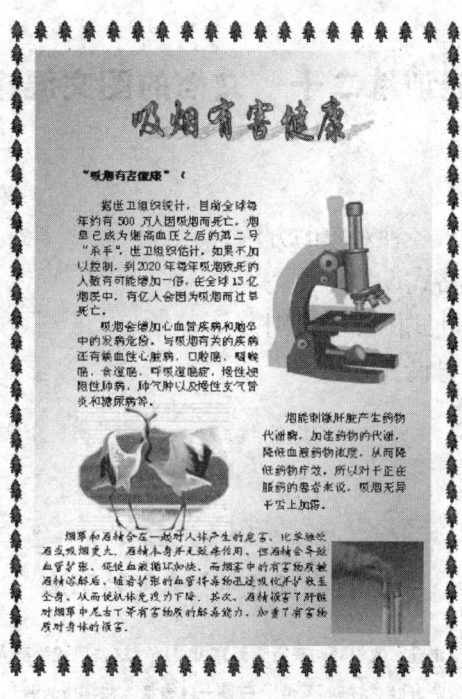

图20 文件效果图

三. 技能要求

1. 纸张为 B5，页边距均为 2 厘米。

2. 边框为页面边框（艺术型）。

3. 标题"吸烟有害健康"为艺术字，水平绝对位置距"页边距"2.22 厘米，垂直绝对位置距"页边距"1.1 厘米。

4. 背景使用文本框完成（该文本框的大小与页面大小一致，双击边框，在格式设置对话框中，依次点击"颜色与线条"|"填充－颜色"|"填充效果"|"渐变"|"颜色－双色"|"底纹样式－斜上"。其中，双色中的"颜色 2"设置为"酸橙色"。线条颜色设置为"无线条颜色"）

5. 使用文本框完成文字输入（文本框的填充颜色和线条颜色均设置为"无颜色"）。

6. 剪贴画在"科学"类中。

7. 第一张和第三张图片右对齐，第二张图片左对齐。（可以使用回车、空格、退格键做适当调整）

技能训练二十　文档的图文混排2

一. 实验目的

1. 熟练掌握在文档中插入各种对象的方法；
2. 掌握各种图形对象的格式设置；
3. 掌握嵌入式图片和浮动式图片的区别；
4. 掌握图形与文字还认得设置方法。

二. 实验内容

打开文档 test2；

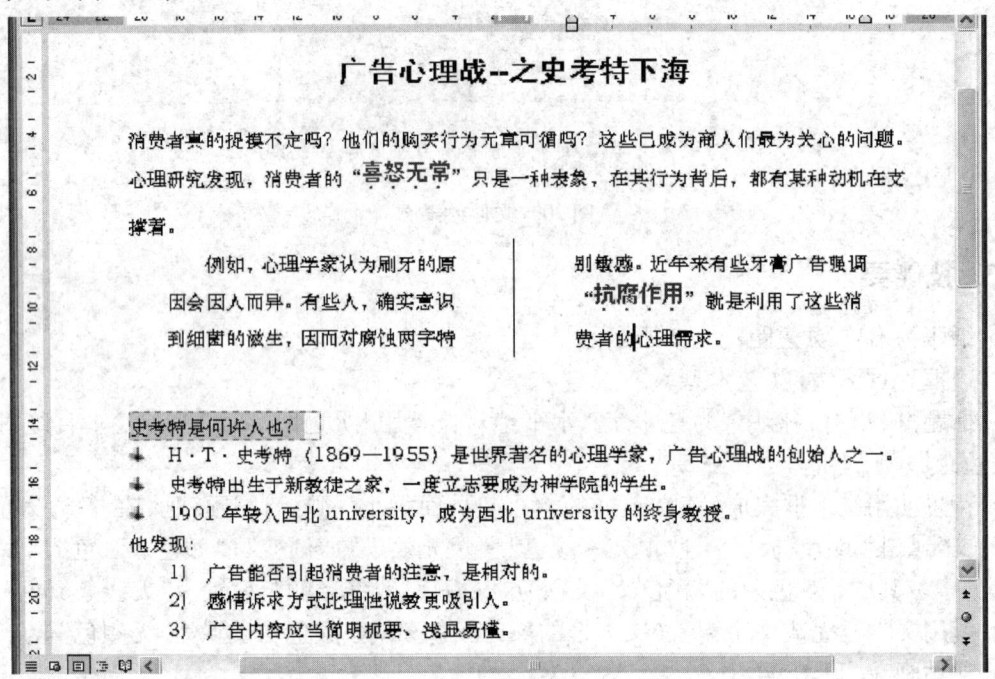

图21　文件原始图

三. 技能要求

1. 插入剪贴画，选择"背景"类别中的第二张；观察嵌入式格式；
2. 把图片改为浮动式，观察浮动式格式；
3. 设置建贴画大小为高:24.55cm，宽:14.61cm；版式为沉于文字下发方；
4. 在文档的最后插入文档 test3；
5. 删除表格的标题"广告收费表"；在此处插入艺术字"广告收费表"作为标题，并居中显示；

6. 在第二段后面插入图形椭圆,椭圆线条粗细为 1.5 磅,颜色为玫瑰红;内部添加文字"椭圆",颜色为深黄,并居中显示;

7. 椭圆右边插入一个文本框,内容为"文本框",并居中显示;设置文本框的线条颜色为紫色,线型为短划线,粗细为 2 磅;

8. 在椭圆和文本框之间添加一个箭头;

9. 保存文档为 test4;效果如下:

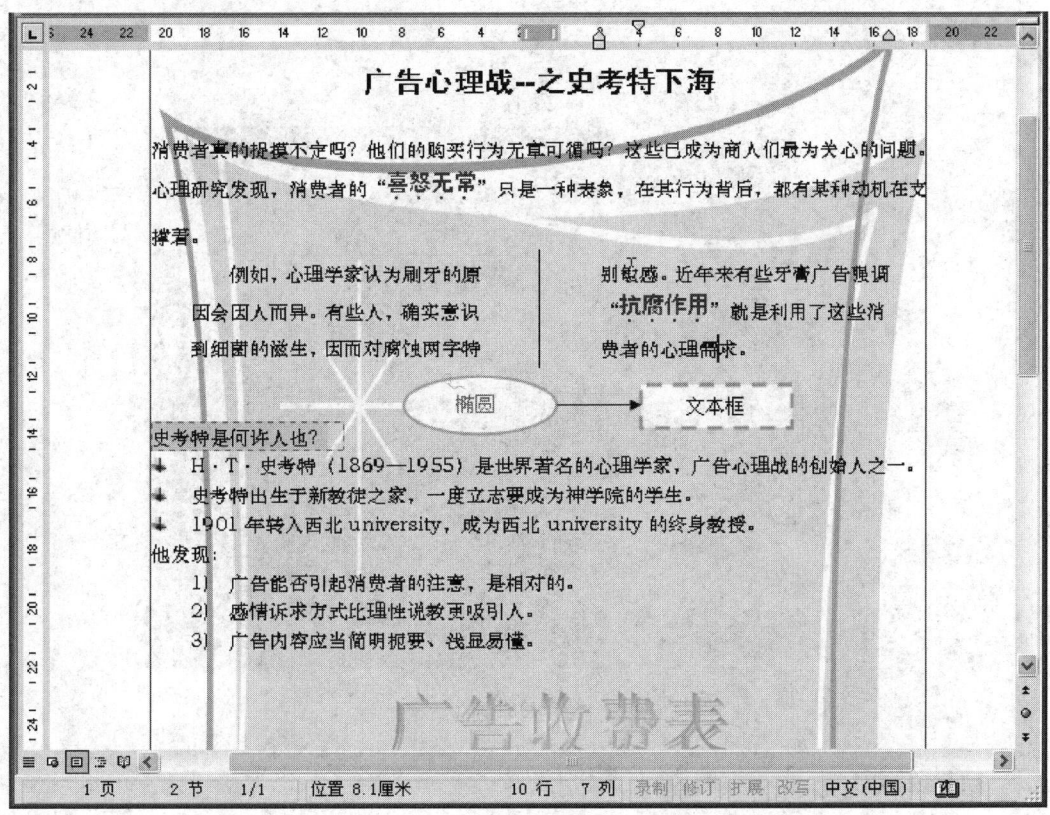

图 22 文件效果图

技能训练二十一 文档中的图文混排 3

一．实训目的

掌握 Word 文档中图文的格式设置

二．实训内容

图 23 "生日快乐"贺卡

三．技能要求

1. 页面纸张高度为 12 厘米，宽度为 17 厘米，页边距均为 0 厘米。

2. 插入的图片，大小调整为覆盖整个页面。

3. "生日快乐"使用艺术字，水平绝对位置距"页边距"0.3 厘米，垂直绝对位置距"页边距"4.25 厘米。

4. 使用文本框完成文本的输入（文本框的填充颜色和线条颜色均设置为"无颜色"）。

5. 使用自选图形中的"椭圆"完成照片的填充（插入椭圆，双击椭圆，可依次点击自选图形格式设置对话框中"颜色与线条"|"颜色－填充"|"填充效果"|"图片"|"选择图片"，找到要填充的照片进行双击，再点击"确定"。椭圆的线条颜色设置为"无颜色"。）。可将照片替换为自己或同学的照片。

6. 另外再插入一个"椭圆"，比上一个椭圆大一点。在自选图形格式设置对话框中，依次点击"颜色与线条"|"颜色－填充"|"填充效果"|"渐变"，将透明度一栏中"从"右侧的滑块调至 100%，"到"右侧的滑块调至 0%。椭圆的线条颜色设置为"无颜色"，点击"确定"。

7.将后面的椭圆覆盖在前一个椭圆上(即两椭圆重叠,后一个椭圆的叠放次序置于顶层),即可实现效果图中所示的效果。

技能训练二十二　　文档中的图文混排4

一.实训目的

掌握 word 文档中图文的格式设置

二.实训内容

"我的家庭新闻稿"制作

图24　文件效果图

三.技能要求

1.设置纸张为 A4,页边距上、下、左、右均为1厘米。
2.在第一行插入艺术字"我的家庭新闻稿"。
3.插入一个横排文本框。高度6.6厘米,宽度12.38厘米,填充色为"浅蓝色",边框为1.25磅、实线、黑色。水平绝对位置距"页边距"0.32厘米,垂直绝对位置距"页边距"1.92厘米。如图3-70所示。
4.在文本框中插入来自文件的图片"姐弟照",图片高度为5.95厘米,锁定纵横比。如

图 3 - 70 所示。

5. 在"姐弟照"右侧接着插入剪贴画,来自"office 收藏集"的"幻想"类,剪贴画高度为 2.14 厘米,锁定纵横比。如图 3 - 70 所示。

6. 在"幻想"类剪贴画的上方插入一个文本框,高度 3.15 厘米,宽度 3.2 厘米,文本框的填充颜色和线条颜色均设置为"无颜色";在文本框中输入"这是我和弟弟,我们有爱我们的爸爸妈妈,我们是幸福的一家"这段文字,文字设置为宋体、五号字、白色、两端对齐、首行缩进 2 个字符、单倍行距。如图 24 所示效果。

7. 在页面右侧插入"自选图形"中的"矩形"。高度 25.05 厘米,宽度 6.35 厘米,填充色为"淡蓝色",版式为"四周型"(很重要)。水平绝对位置距"页边距"12.7 厘米,垂直绝对位置距"页边距"1.92 厘米,叠放次序设置为"置于底层"。如图 3 - 70 所示效果。

8. 在"矩形"的上半部分插入一个文本框,高度 11.99 厘米,宽度 6.03 厘米,文本框的填充颜色和线条颜色均设置为"无颜色"。在其中输入"生活中美丽的事?? 真是令人敬佩!"三段文字。"生活中美丽的事"设置为楷体、四号字、加粗、居中、褐色。后面两段文字设置为宋体、五号字、两端对齐、行距为固定值 14 磅。并为后面两段文字加"橙色"、菱形项目符号。具体效果参照图 3 - 70 所示。

9. 再插入一个"矩形"与"大"矩形的下半部分重叠,如图 3 - 70 所示。高度为 12.54 厘米,宽度为 6.35 厘米,填充色为"浅蓝色"。

10. 插入一张来自文件的"小狗"图片。高度为 6.88 厘米,宽度为 5.48 厘米,版式为"四周型"。将其拖到如图 24 所示位置。

11. 在"小狗"图片的下方插入一个文本框。高度为 3.58 厘米,宽度为 5.08 厘米,文本框的填充颜色和线条颜色均设置为"无颜色"。在其中输入"呵呵!?? 和磨蹭大王"两段文字。文字设置为宋体、五号字、白色、两端对齐、单倍行距。位置如图 3 - 70 所示。

12. 将"插入点"调至 16 行,(即"姐弟照"文本框的下方)。

13. 将"家庭给我带来烦恼?? 大家庭中幸福成长"输入到插入点处。文字设置为宋体、五号字,两端对齐,首行缩进 2 个字符,行间距为"固定值"16.55 磅。

14. 将"家庭给我带来烦恼?? 大家庭中幸福成长"这几段文字分成两栏(选"偏左"项)。选中这段文字,点击"格式"菜单中"分栏"命令,弹出"分栏"对话框,在"预设"一栏中点击"偏左","确定"。

15. 在两栏中间,使用"自选图形"画一条直线。粗细为 2.25 磅,绿色,高度为 13.48 厘米。

16. 为"家庭给我带来烦恼??"这段设置首字下沉 2 行、宋体、距正文 0.3 厘米。

17. 在如图 24 所示的位置插入一张 3 行 5 列表格。第一行的行高为 1.08 厘米,后两行的行高为 0.98 厘米。第一列的列宽为 2.1 厘米,其它列的列宽为 2.14 厘米。

18. 插入斜线表头。样式一,字号为六号字,行标题为"成员",列标题为"情况"。

19. 第一行数据为"爸爸"、"妈妈"、"弟弟"、"我";第二行数据为"年龄"、"48"、"45"、"9"、"12";第三行数据为"性格"、"幽默"、"温柔"、"活泼"、"善良"。

20. 为表格第一行设置底纹颜色为"橄榄色"。

21. 表格外框线设置为 1.5 磅、黑色、实线边框;内框线设置为 1 磅、黑色、实线边框。

技能训练二十三　　长文档的格式化1

一. 实训目的

掌握word中长文档的格式设置

二. 实训内容

长文档"学习文选"的编辑

三. 技能要求：

1. 封面设计合理（可自己发挥）。

2. 全文字体设置为"宋体、五号字"；所有段落"首行缩进2个字符，行间距20磅"。

3. 将"标题1"样式修改为"宋体、四号、红色、加字符边框、段前间距12磅、段后间距6磅"。

4. 将"标题2"样式修改为"宋体、小四号、蓝色、加蓝色单下划线、段前和段后间距为6磅"。

5. 如效果文件所示，设置文中的一级标题应用"标题1"样式；二级标题应用"标题2"样式。

6. 为文档生成目录，目录格式：一级标题为"四号、宋体，段前间距6磅"；二级标题"小四号、宋体，行间距22磅"。

7. 首页和目录页无页眉和页脚；其它奇数页页眉为"学习文选"，页脚为"请点击 中国共产党新闻网 cpc.people.com.cn/"并插入"页码"；偶数页页眉为"中国共产党新闻网"，页脚处插入"页码"。

8. 奇数页页眉右对齐，偶数页的页眉左对齐，页码居中。

9. 为文档加文字水印背景，文字内容为"中国共产党新闻网"。

技能训练二十四　长文档的格式化 2

一. 实训目的

掌握 Word 中长文档的格式设置

二. 实训内容

长文档“关于企业管理的五篇文章”的编辑

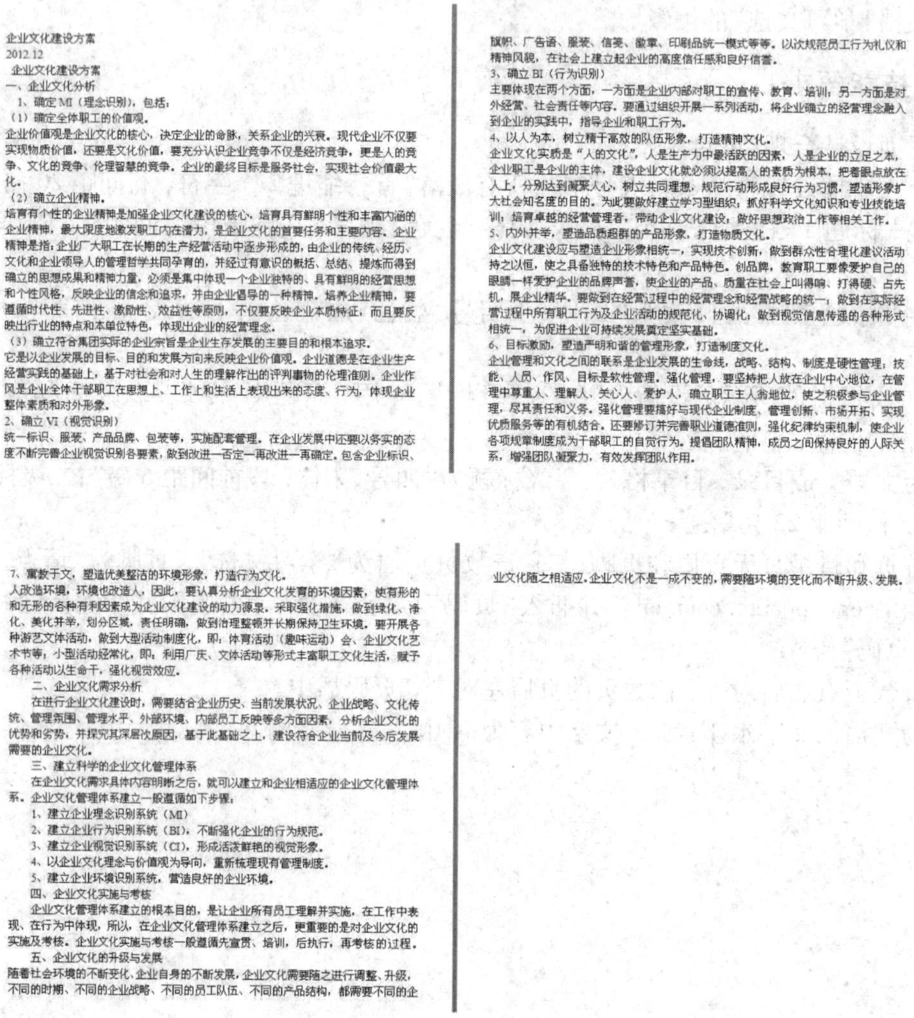

企业文化建设方案
2012.12
企业文化建设方案
一、企业文化分析
1、确定 MI（理念识别），包括：
（1）确定全体职工的价值观。
企业价值观是企业文化的核心，决定企业的命脉，关系企业的兴衰。现代企业不仅要实现物质价值，还要是文化价值，要充分认识企业竞争不仅是经济竞争，更是人的竞争、文化的竞争、伦理智慧的竞争。企业的最终目标是服务社会，实现社会价值最大化。
（2）确立企业精神。
培育有个性的企业精神是加强企业文化建设的核心，培育具有鲜明个性和丰富内涵的企业精神，最大限度地激发职工内在潜力，是企业文化的首要任务和主要内容。企业精神是指：企业广大职工在长期的生产经营活动中逐步形成的，由企业的传统、经历、文化和企业领导人的管理哲学共同孕育的，并经过有意识的概括、总结、提炼而得到确立的思想成果和精神力量，必须是集中体现一个企业独特的、具有鲜明的经营思想和个性风格，反映企业的信念和追求，并由企业倡导的一种精神。培养企业精神，要遵循时代性、先进性、激励性、效益性等原则，不仅要反映企业本质特征，而且要反映出行业的特点和本单位特色，体现出企业的经营理念。
（3）确立符合集团实际的企业宗旨是企业生存发展的主要目的和根本追求。
它是以企业发展的目标、目的和发展方向来反映企业价值观。企业道德是在企业生产经营实践的基础上，基于对社会和对人生的理解作出的评判事物的伦理准则。企业作风是企业全体干部职工在思想上、工作上和生活上表现出来的态度、行为，体现企业整体素质和对外形象。
2、确立 VI（视觉识别）
统一标识、服装、产品品牌、包装等，实施配套管理。在企业发展中还要以务实的态度不断完善企业视觉识别各要素，做到改进一否定一再改进一再确定。包含企业标识、旗帜、广告语、服装、信笺、徽章、印刷品统一模式等等。以次规范员工行为礼仪和精神风貌，在社会上建立起企业的高度信任感和良好信誉。
3、确立 BI（行为识别）
主要体现在两个方面，一方面是企业内部对职工的宣传、教育、培训；另一方面是对外经营、社会责任等内容。要通过组织开展一系列活动，将企业确立的经营理念融入到企业的实践中，指导企业和职工行为。
4、以人为本，树立精干高效的队伍形象，打造精神文化。
企业文化实质是“人的文化”，人是生产力中最活跃的因素，人是企业的立足之本，企业职工是企业的主体，建设企业文化就必须以提高人的素质为根本，把着眼点放在人上，分别达到凝聚人心，树立共同理想，规范行动形成良好行为习惯，塑造形象扩大社会知名度的目的。为此要做好建立学习型组织；抓好科学文化知识和专业技能培训；培育卓越的经营管理者，带动企业文化建设；做好思想政治工作等相关工作。
5、内外并举，塑造品质超群的产品形象，打造物质文化。
企业文化建设应与塑造企业形象相统一，实现技术创新，做到群众性合理化建议活动持之以恒，使之具备独特的技术特色和产品特色。创品牌，教育职工要像爱护自己的眼睛一样爱护企业的品牌声誉，使企业的产品、质量在社会上叫得响、打得硬、占先机，展企业精华。要做到在经营过程中的经营理念和经营战略的统一；做到在实际经营过程中所有职工行为及企业活动的规范化、协调化；做到视觉信息传递的各种形式相统一，为促进企业可持续发展奠定坚实基础。
6、目标激励，塑造严明和谐的管理形象，打造制度文化。
企业管理和文化之间的联系是企业发展的生命线，战略、结构、制度是硬性管理；技能、人员、作风、目标是软性管理。强化管理，要坚持把人放在企业中心地位，在管理中尊重人、理解人、关心人、爱护人，确立职工主人翁地位，使之积极参与企业管理，尽其责任和义务。强化管理要搞好与现代企业制度、管理创新、市场开拓、实现优质服务等的有机结合。还要修订并完善职业道德准则，强化纪律约束机制，使企业各项规章制度成为干部职工的自觉行为。提倡团队精神，成员之间保持良好的人际关系，增强团队凝聚力，有效发挥团队作用。
7、寓教于文，塑造优美整洁的环境形象，打造行为文化。
人改造环境，环境也改造人，因此，要认真分析企业文化发育的环境因素，使有形的和无形的各种有利因素成为企业文化建设的动力源泉。采取强化措施，做到绿化、净化、美化并举，划分区域，责任明确，做到治理整顿并长期保持卫生环境。要开展各种游艺文体活动，做到大型活动制度化，即：体育活动（趣味运动）会、企业文化艺术节等；小型活动经常化，即：利用厂庆、文体活动等形式丰富职工文化生活，赋予各种活动以生命干，强化视觉效应。
二、企业文化需求分析
在进行企业文化建设时，需要结合企业历史、当前发展状况、企业战略、文化传统、管理氛围、管理水平、外部环境、内部员工反映等多方面因素，分析企业文化的优势和劣势，并探究其深层次原因，基于此基础之上，建设符合企业当前及今后发展需要的企业文化。
三、建立科学的企业文化管理体系
在企业文化需求具体内容明晰之后，就可以建立和企业相适应的企业文化管理体系。企业文化管理体系建立一般遵循如下步骤：
1、建立企业理念识别系统（MI）
2、建立企业行为识别系统（BI），不断强化企业的行为规范。
3、建立企业视觉识别系统（CI），形成活泼鲜艳的视觉形象。
4、以企业文化理念与价值观为导向，重新梳理现有管理制度。
5、建立企业环境识别系统，营造良好的企业环境。
四、企业文化实施与考核
企业文化管理体系建立的根本目的，是让企业所有员工理解并实施，在工作中表现、在行为中体现，所以，在企业文化管理体系建立之后，更重要的是对企业文化的实施及考核。企业文化实施与考核一般遵循先宣贯、培训，后执行，再考核的过程。
五、企业文化的升级与发展
随着社会环境的不断变化、企业自身的不断发展，企业文化需要随之进行调整、升级，不同的时期、不同的企业战略、不同的员工队伍、不同的产品结构，都需要不同的企业文化随之相适应。企业文化不是一成不变的，需要随环境的变化而不断升级、发展。

图 25　任务原始图

三. 技能要求

1. 合理调整文章内容的字体和段落格式。

2. 页面设置要美观、直观。
3. 目录格式设置美观。
4. 页眉、页脚设置合理、美观。

技能训练二十五　　特殊文档的制作 1

一. 实训目的

掌握 word 中特殊文档的格式设置

二. 实训内容

"大学录取通知书"的批量制作

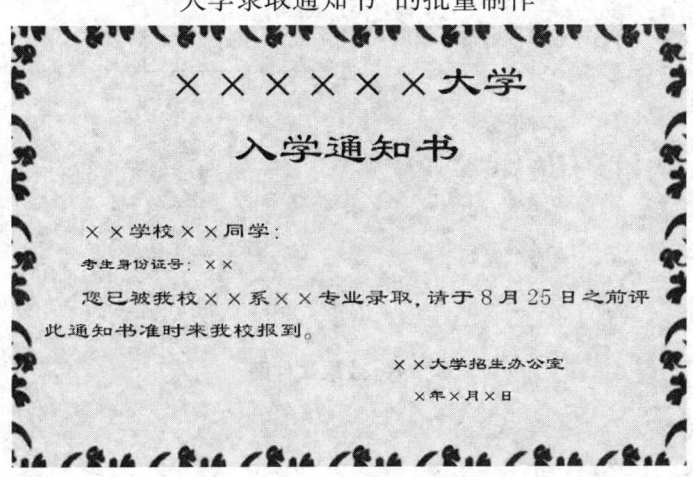

图 26　效果文件图

三. 技能要求

1. 设计一张"大学录取通知书"（学校名称自拟，可参照上图）。
2. 将页面纸张设置成"横向、高 19 厘米、宽 25 厘米"。
3. 页面背景采用"纹理"效果中的"羊皮纸"。（也可自己选择）
4. 页面边框可在素材中选择。
5. 录取通知书中至少包括：原中学学校名称、姓名、考生身份证号、录取专业、录取时间。
6. 数据源文件中录入不少于 20 条的记录。
7. 通过"邮件合并"完成所有被录取学生的"大学录取通知书"的批量制作。

技能训练二十六　　特殊文档的制作2

一. 实训目的

掌握word中特殊文档的格式设置

二. 实训内容

"计算机准考证"的批量制作

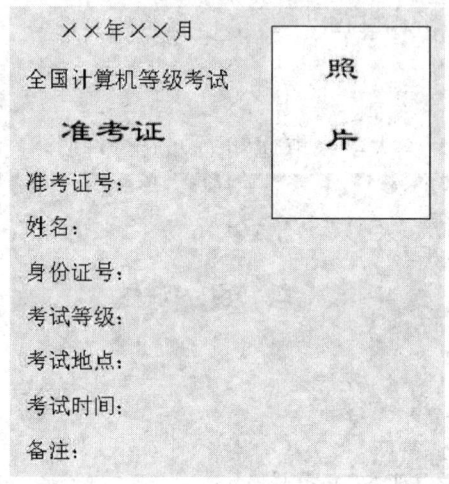

图27　效果文件图

三. 技能要求

1. 设计一张"计算机考试准考证"。（可参照上图）
2. 准考证中至少包括：考试名称、考生姓名、性别、专业、考试科目、考试时间、注意事项。
3. 数据源文件中录入不少于20条的记录。
4. 可以以"标签"形式完成所有报名人员的"计算机准考证"的批量制作，一页显示四张准考证。

技能训练二十七　　文档版面设置和打印

一．实验目的

1. 掌握纸张大小、页边距的设置方法；
2. 掌握页眉页脚与页码的设置；
3. 掌握人工分页的方法；
4. 掌握打印预览的方法；
5. 掌握文件的打印方法。

二．实验内容

1. 打开文档 test4；
2. 设置上下边距为 2.5cm，左右边距为 2cm，方向纵向；
3. 设置页眉页脚，页眉中插入文件名，在右边插入建贴画标志类第一张，调整他的大小；在页脚中插入页码，并居中；
4. 人工分页，把表格连同标题放在下一页中；
5. 打印预览文档；
6. 打印文档的第一页，打印 3 份。

项目四 中文电子表格软件 Excel 2010

技能训练二十八 Excel 2010 的基本操作

一．实验目的

1. Excel 2010 启动、退出。
2. Excel 2010 工作簿、工作表、行、列、单元格及单元格区域的概念。
3. Excel 2010 工作簿的建立、打开及保存。
4. Excel 2010 工作表的选择、插入、删除、重命名、移动、复制和隐藏。
5. Excel 2010 单元格、单元格区域、行和列的选择、插入和删除。
6. Excel 2010 数据输入、编辑、查找和替换的方法。
7. Excel 2010 中批注的使用。

二．实验内容

1. 新建 Excel 文件，在 sheet1 中输入以下内容：

产品编号	商品	品牌	进货日期	数量	售价
080721	洗衣机	浮香	2007 年 3 月 1 日	30	2500
080812	电视机	兰庭	2007 年 4 月 1 日	20	4000
060523	冰箱	踏雪	2007 年 3 月 23 日	30	3300
080904	空调	花溪	2007 年 4 月 8 日	30	2700
030605	电视机	洪泉	2006 年 12 月 1 日	20	1200
040203	空调	洁冰	2007 年 4 月 15 日	50	1800

三．技能要求

1. 将 sheet1 改名为"货物清单"，sheet2 为"利润清单"，删除 sheet3。
2. 查找内容为"洪泉"的单元格，并将"洪泉"替换为"虹泉"。
3. 给内容为"洁冰"的单元格加批注"特供商品"。
4. 在第一行前插入一行，输入标题"货物清单"，并使标题相对于表格内容居中。
5. 将"利润清单"隐藏。
6. 保存 Excel 文件为"实验一.xls"，结果如图 30"效果图"：

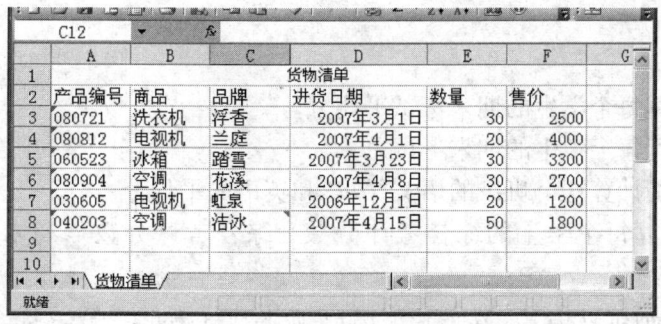

图 30 文件效果图

技能训练二十九　　Excel 2010 公式和函数的使用

一．实验目的

1. 公式的使用。
2. 函数的使用。
3. 单元格的引用。

二．实验内容

1. 新建 Excel 文件，在 sheet1 中输入如下内容，并设置单元格合并：

学号	姓名	期末考试					附加分	综合考评
		语文	数学	英语	平均分	总分		
07020301	陈处	90	89	78			5	
07020302	初晓哲	80	81	90			2	
07020303	董珏	60	99	67			6	
07020304	冯时	87	69	87			10	
07020305	付兴	74	80	77			1	
07020307	田园	67	76	68			1	
07020309	安小米	88	76	80			1	
07020310	刘春晓	77	87	67			1	
07020311	杨宜	66	78	76			1	
07020312	刘娟妮	77	83	73			1	
07020313	章贤	77	73	79			9	
07020314	王海	78	81	88			1	
07020315	孟泉	78	88	81			1	
07020316	彭松	81	78	80			1	
07020317	马萧	90	98	89			2	
07020318	苏行	78	71	81			5	
平均分								
优秀人数								

三. 技能要求

1. 利用函数计算每个学生的期末考试平均分。
2. 利用函数计算每个学生的期末考试总分。
3. 利用函数分别计算这个班级的语文、数学和英语的平均分。
4. 利用公式计算每个学生的综合考评分数，综合考评分数＝期末考试总分×0.9＋附加分
5. 利用函数分别统计语文、数学和英语成绩达到优秀的人数。优秀的范围是分数在90分以上(包含90分)。提示：使用统计函数中的countif函数。
6. 设置所有分数单元格为数值型，并且保留小数点后一位。
7. 保存文件为"实验二"，结果如图31"效果图"：

	A	B	C	D	E	F	G	H	I
1	学号	姓名			期末考试			附加分	综合考评
2			语文	数学	英语	平均分	总分		
3	07020301	陈处	90.00	89.00	78.00	85.67	257.00	5.00	236.30
4	07020302	初晓哲	80.00	81.00	90.00	83.67	251.00	2.00	227.90
5	07020303	董珏	60.00	99.00	67.00	75.33	226.00	6.00	209.40
6	07020304	冯时	87.00	69.00	87.00	81.00	243.00	10.00	228.70
7	07020305	付兴	74.00	80.00	77.00	77.00	231.00	1.00	208.90
8	07020307	田园	67.00	76.00	68.00	70.33	211.00	1.00	190.90
9	07020309	安小米	88.00	76.00	80.00	81.33	244.00	1.00	220.60
10	07020310	刘春晓	77.00	87.00	67.00	77.00	231.00	1.00	208.90
11	07020311	杨宜	66.00	78.00	76.00	73.33	220.00	1.00	199.00
12	07020312	刘娟妮	77.00	83.00	73.00	77.67	233.00	1.00	210.70
13	07020313	章贤	77.00	73.00	79.00	76.33	229.00	9.00	215.10
14	07020314	王海	78.00	81.00	88.00	82.33	247.00	1.00	223.30
15	07020315	孟泉	78.00	88.00	81.00	82.33	247.00	1.00	223.30
16	07020316	彭松	81.00	78.00	80.00	79.67	239.00	1.00	216.10
17	07020317	马萧	90.00	98.00	89.00	92.33	277.00	2.00	251.30
18	07020318	苏行	89.00	71.00	81.00	76.67	230.00	5.00	212.00
19	平均分		78.00	81.69	78.81				
20	优秀人数		2	2	1				

图31 文件效果图

技能训练三十 Excel 2010 工作表的格式化

一. 实验目的

1. 单元格数据的格式化
2. 调整单元格的行高和列宽
3. 选择性粘贴的使用。
4. 条件格式

二. 实验内容

新建 Excel 文件，在 sheet1 中输入以下内容：

学号	姓名	平时成绩				期末考试	学期总成绩
		提问作业	课堂测试	期中成绩	小计		
04020301	陈静	5	5	6		44	
04020302	初晓哲	5	5	6		44	
04020303	董艳霞	9	9	9		63	
04020304	冯琦	5	5	6		45	
04020305	付伟	9	10	9		64	
04020307	李静	9	8	9		63	
04020309	李其跃	5	5	6		44	
04020310	李睿林	8	7	8		57	
04020311	李智广	5	6	6		43	
04020312	刘春晓	5	5	5		45	
04020313	刘峰	6	6	6		42	
04020314	刘雯雯	8	8	8		63	
04020315	刘艳	10	9	10		65	
04020316	刘永强	6	6	6		42	
04020317	孟静	8	8	9		63	
04020318	彭振	9	10	10		63	
04020319	申海龙	6	6	6		42	
04020320	苏啸	5	5	6		44	

三. 技能要求

1. 将 sheet1 改名为"任务一"，sheet2 改名为"期末考试总成绩"，删除 sheet3。

2. 利用函数和公式两种方法计算工作表"任务一"中表格的"小计"列，小计＝提问作业＋课堂测试＋期中成绩。

3. 计算工作表"任务一"中的"学期总成绩"列，学期总成绩＝平时成绩＋期末考试。

4. 将工作表"任务一"中的"学号"列、"姓名"列和"学期总成绩"列分别粘贴到工作表"期末考试总成绩"中的 A 列、B 列和 C 列。

5. 在工作表"任务一"的第一行前插入两行，分别输入图 4－73 所示的标题和"班级、学期、课程名称和教师姓名"等相应的内容。

6. 将此时第 1 行的内容作为表格标题居中,并设置为黑体、加粗,字号 14 号。

7. 将此时第二行单元格相对于表格内容合并居中,使其效果如图 4-73。

8. 将内容为"学号"、"姓名"和"期末考试"的三个单元格分别与其下方单元格合并。

9. 设置单元格格式,加内外边框,调整行高和列宽。

10. 设置表格内容字体为宋体,字号 12。

11. 在工作表"任务一"中使用条件格式,使学期总成绩在 90 分以上(含 90 分)的单元格红色显示。最终效果如下图 32

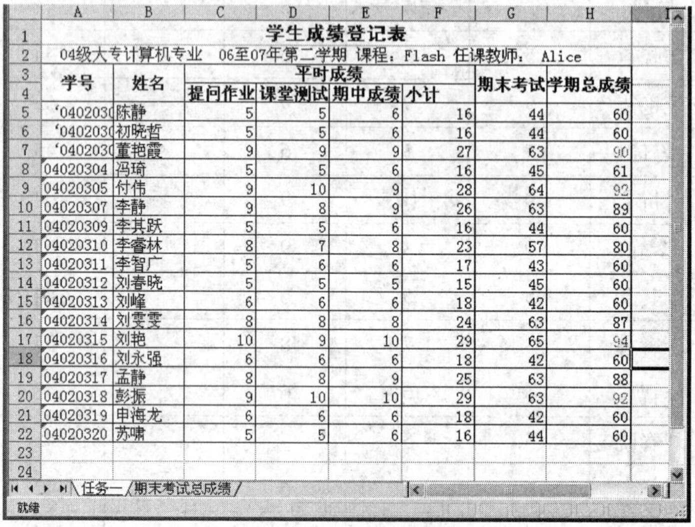

图 32　文件效果图

技能实训三十一　　Excel 2010 工作表的制作

一. 实训目的

掌握电子表格中数据的操作

二. 实训内容

1. 建立如下所示"销售报表",并按要求操作;

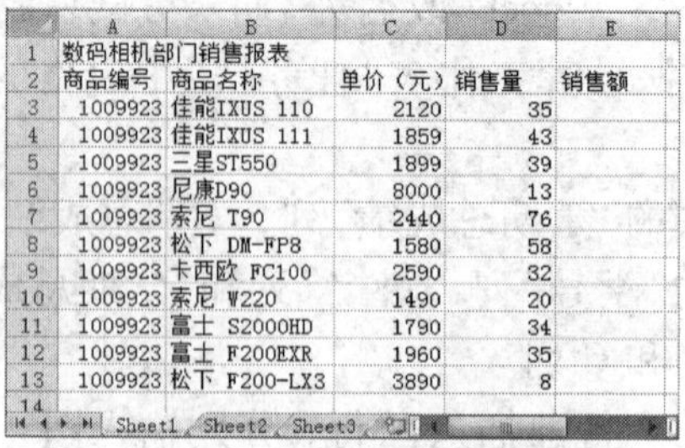

图 33　"销售报表"原工作表

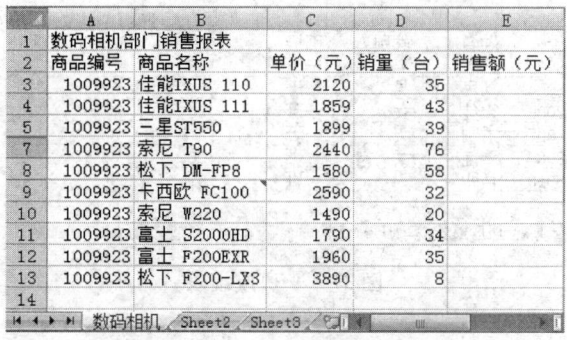

图 34 "销售报表"任务效果图

技能要求：
(1) 修改 D2 单元格内容为"销量(台)"，修改 E2 单元格内容为"销售额(元)"。
(2) 为 B9 单元格添加批注，批注内容为"已停产"。
(3) 利用"查找/替换"功能在工作表中查找姓名为"索尼"相机的销售情况
(4) 将 sheet1 工作表重新命名为"数码相机"，并将该工作表内容复制到"Sheet2"工作表。
(5) 隐藏"数码相机"工作表的第 6 条记录；
2. 建立如下所示的"学生成绩表"工作表，并按要求操作题目：

图 35 学生成绩表

图 36 数据有效性设置效果

	A	B	C	D	E	F	G	H	I
1	序号	学号	姓名	性别	班级	数学	外语	政治	信息技术
2	1	008001	王小飞	男	一班	55	75	63	83
3	4	008004	刘民	男	一班	84	82	87	91
4	5	008005	宋佳	女	一班	84	77	89	85
5	7	008007	孟刚	男	一班	81	88	89	90
6	9	008009	李佳	女	一班	76	69	82	91
7	10	008010	肖明	男	一班	91	90	92	93

图37 一班成绩表

二班成绩表略。

技能要求

（1）在第4条记录和第5条记录之间增加一条记录，数据内容对应为"008005，宋佳，女，一班，84，77，89，85"，并重新填充序号列。

（2 设置数据有效性：汇总表中F3:I12单元格数据只接受0-100之间的整数，并设置显示信息

"只可输入0-100之间的整数"。

（3）将sheet1工作表重新命名为"汇总表"，并将sheet2工作表更名为"一班成绩表"，sheet3

工作表更名为"二班成绩表"工作……

（4）将"汇总表"中一班的学生数据全部复制到工作表"一班成绩表"中。

（5）将"汇总表"中二班的学生数据全部复制到工作表"二班成绩表"。

（6）保护工作表方式保存"汇总表"，以禁止他人修改该工作表。

（7）将文件以原名字保存到"桌面\姓名"文件夹下。

技能实训三十二　　Excel 2010 工作表的格式化1

一．实训目的

电子表格中数据的格式设置

二．实训内容

1.制作校历并设置格式，最终效果如图所示。

	A	B	C	D	E	F	G	H	I
1	2009-2010学年秋季学期校历								
2	周次 星期	星期一	星期二	星期三	星期四	星期五	星期六	星期日	月份
3	1	31	1	2	3	4	5	6	九月
4	2	7	8	9	10	11	12	13	
5	3	14	15	16	17	18	19	20	
6	4	21	22	23	24	25	26	27	
7	5	28	29	30	1	2	3	4	十月
8	6	5	6	7	8	9	10	11	
9	7	12	13	14	15	16	17	18	
10	8	19	20	21	22	23	24	25	
11	9	26	27	28	29	30	31	1	十一月
12	10	2	3	4	5	6	7	8	
13	11	9	10	11	12	13	14	15	
14	12	16	17	18	19	20	21	22	
15	13	23	24	25	26	27	28	29	
16	14	30	1	2	3	4	5	6	十二月
17	15	7	8	9	10	11	12	13	
18	16	14	15	16	17	18	19	20	
19	17	21	22	23	24	25	26	27	
20	18	28	29	30	31	1	2	3	一月
21	19	4	5	6	7	8	9	10	
22	20	11	12	13	14	15	16	17	

图38 校历

2. 现有"定购记录单"工作表，根据工作表要求完成如下题目。

	A	B	C	D	E	F	G	H
1	定购记录单							
2	物料名称	定购数量	单价	金额	定购日期	合同号	交货数量	交货情况
3	PD12	30	80	2400	2009-3-8	KL16	30	已交
4	MA07D	50	50	2500	2009-2-6	KL16	50	已交
5	MTC51	100	30	3000	2009-4-7	KL16	50	待交
6	DIC64	50	45	2250	2009-4-7	KL16	50	已交
7	ATND1A	60	35	2100	2009-3-1	KL16	60	已交
8	A515	50	60	3000	2009-3-2	KL16	30	待交
9	DA50	70	71	4970	2009-3-8	KL16	70	已交
10	SO12	50	51	2550	2009-6-5	KL16	50	已交
11								

图39 "定购记录单"工作表

	A	B	C	D	E	F	G	H
1	定购记录单							
2	物料名称	定购数量	单价	金额	定购日期	合同号	交货数量	交货情况
3	PD12	30	80	¥2,400.00	2009-3-8	KL16	30	已交
4	MA07D	50	50	¥2,500.00	2009-2-6	KL16	50	已交
5	MTC51	100	30	¥3,000.00	2009-4-7	KL16	50	*待交*
6	DIC64	50	45	¥2,250.00	2009-4-7	KL16	50	已交
7	ATND1A	60	35	¥2,100.00	2009-3-1	KL16	60	已交
8	A515	50	60	¥3,000.00	2009-3-2	KL16	30	*待交*
9	DA50	70	71	¥4,970.00	2009-3-8	KL16	70	已交
10	S012	50	51	¥2,550.00	2009-6-5	KL16	50	已交

图40 "定购记录单"任务效果图

三. 技能要求

（1）将表格内容复制一份到 sheet2。
（2）在 sheet2 为表格 A2:H10 区域自动套用"古典 2"格式。
（3）选择 sheet1 工作表，设置表标题字体"黑体，加粗，24"，在表格宽度范围内居中。
（4）设置 A2:H2 单元格区域"楷体，加粗，16 号。
（5）所有列宽设置为最适合的列宽。
（6）设置数据区格式"宋体，14"，金额数据设置为货币格式，保留两位小数，使用千分位分隔符。
（7）表格内所有内容水平、垂直方向都居中。
（8）将定购数量大于 50 的数据用蓝色、粗体显示，将交货情况为待交的数据用红色、加粗、倾斜表示。
（9）除表格标题外，为表格加上黑粗外框线，黑细内框线。
（10）将 A2:H2 区域设置"6.25，浅绿色底纹"，A3:A10 区域设置成浅黄色底纹。
（11）以原文件名保存工作表到"桌面\姓名"文件夹下.

技能实训三十三　　Excel 2010 工作表的格式化2

一. 实训目的

电子表格中数据的统计

二. 实训内容

1. 现有"一季度销售表"工作表如下，按要求对工作表数据计算，操作结果如效果图。

	A	B	C	D	E	F	G
1		某公司一季度销售表					
2		一月	二月	三月	总计	平均销量	销量排名
3	一分店	12365	12458	18265			
4	二分店	18265	9876	15230			
5	三分店	12698	9989	15896			
6	四分店	11360	12000	14800			
7	最大值						
8	最小值						

图41 "一季度销售表"工作表

	A	B	C	D	E	F	G
1		某公司一季度销售表					
2		一月	二月	三月	总计	平均销量	销量排名
3	一分店	12365	12458	18265	43088	21544	2
4	二分店	18265	9876	15230	43371	21685.5	1
5	三分店	12698	9989	15896	38583	19291.5	3
6	四分店	11360	12000	14800	38160	19080	4
7	最大值	18265	12458	18265	43371		
8	最小值	11360	9876	14800	38160		

图42 "一季度销售表"任务效果图

技能要求：

(1)用两种方法分别求出表中对应的"总计"、"平均值"（公式法、函数法）。

(2)用函数求出分店每月销售的最大值和最小值。

(3)用函数对各分店进行销售排名。

(4)操作完成后将工作簿以原文件名保存到"D:\姓名"文件。

2.现有"学期成绩表"如下，按要求对工作表数据计算，操作结果如效果图。

	A	B	C	D	E	F	G	H	I	J	K
1	学号	姓名	班级	测验1	测验2	测验3	平时成绩	期中成绩	期末成绩	学期成绩	名次
2	008001	王小飞	一班	92	90	90		95	92		
3	008002	李明真	二班	85	79	79		77	84		
4	008003	张爱爱	二班	73	76	76		75	80		
5	008004	刘民	一班	95	89	89		86	90		
6	008006	赵瑞思	二班	75	84	84		75	68		
7	008007	孟刚	一班	87	90	90		83	85		
8	008008	陈然	二班	83	87	87		81	92		
9	008009	李佳	一班	86	89	91		92	89		
10	008010	肖明	一班	80	91	86		91	93		

图43 "学期成绩表"

	A	B	C	D	E	F	G	H	I	J	K
1	学号	姓名	班级	测验1	测验2	测验3	平时成绩	期中成绩	期末成绩	学期成绩	名次
2	008001	王小飞	一班	92	90	90	272	95	92	73.8	1
3	008010	肖明	一班	80	91	86	257	91	93	71.8	2
4	008009	李佳	一班	86	89	91	266	92	89	71.7	3
5	008004	刘民	一班	95	89	89	273	86	90	71.5	4
6	008008	陈然	二班	83	87	87	257	81	92	69.5	5
7	008007	孟刚	一班	87	90	90	267	83	85	68.8	6
8	008002	李明真	二班	85	79	79	243	77	84	64.7	7
9	008003	张爱爱	二班	73	76	76	225	75	80	61.5	8
10	008006	赵瑞思	二班	75	84	84	243	75	68	59.7	9
11											
12		一班人数	5								
13		二班人数	5								

图44 "学期成绩表"任务效果图

技能要求：

(1)计算平时成绩，平时成绩等于三次测验之和。

（2）计算学期成绩，学期成绩 = 平时成绩 * 10% + 期末成绩 * 20% + 期末成绩 * 70%，并保留一位小数。

（3）对学生成绩进行降序排序。

（4）填充名次列。

（5）分别统计一班和二班的人数，将结果分别放在 C12 和 C13 单元格内。

（6）操作完成后，以原文件名保存到"桌面\姓名"文件夹下。

技能实训三十四　Excel 2010 工作表使用数据清单

一. 实验目的

1. 数据清单的创建和编辑
2. 排序
3. 筛选
4. 分类汇总

二. 实验内容

1. 新建 Excel 文件，在 sheet1 中输入如下内容：

学号	姓名	期末成绩	平时成绩	学期总成绩
07020301	陈生	90	89	
07020302	初晓	80	81	
07020303	张珏	60	99	
07020304	冯岩	87	69	
07020305	付冰	74	80	
07020307	田野	67	76	
07020309	安静	88	76	
07020310	刘春宇	77	87	
07020311	杨欣	66	78	
07020312	张娟	77	83	
07020313	王秀	77	73	
07020314	李海	78	81	
07020315	郑泉	78	88	
07020316	戴松	81	78	
07020317	史今	90	98	
07020318	苏言	78	71	

2. 计算学期总成绩，学期总成绩 = 期末成绩×0.7 + 平时成绩×0.3，并设置所有分数显示小数点后两位。

3. 按学期总成绩降序排列，若学期总成绩相同，则按期末成绩降序排列。效果如图45"效果图"所示：

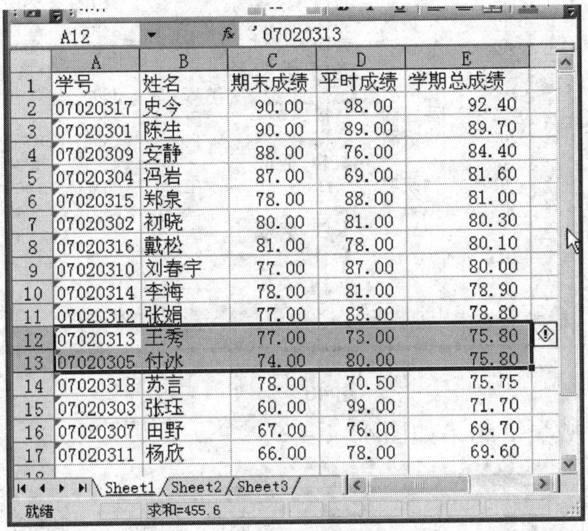

图45 文件效果图

4. 使用自动筛选，筛选出学期总成绩在90分以上的学生。

5. 新建 Excel 文件，在 sheet1 中输入如下内容：

编号	商品	厂家	销量	售价	销售额
0101	高压锅	喜洋洋	26	250	
0102	微波炉	喜洋洋	23	590	
0103	电磁炉	红梅	28	360	
0201	高压锅	红梅	25	240	
0202	电饭锅	红梅	20	165	
0301	微波炉	长江	21	1000	
0302	电磁炉	长江	18	280	
0303	高压锅	黄河	17	230	
0401	电饭锅	黄河	19	125	
0402	电磁炉	黄河	20	300	

6. 计算各种商品的销售额，销售额 = 销量×单价。

7. 按厂家汇总销售金额。（提示：分类汇总前要先排序），结果如图46-1-1

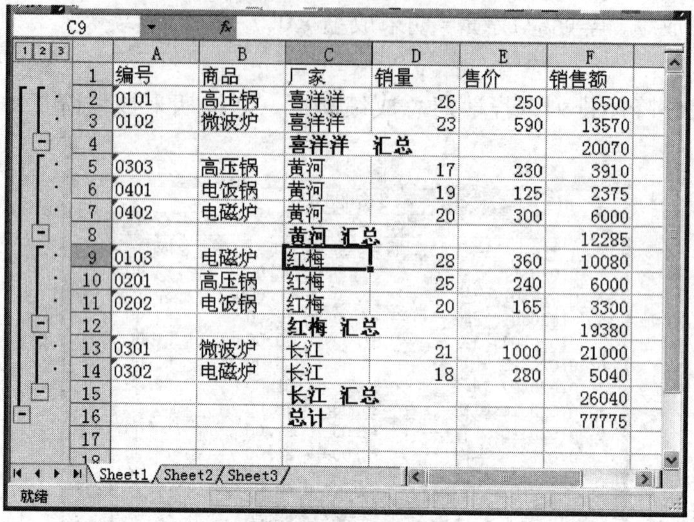

图 46　1-1

8. 按厂家汇总销售数量。结果如图 47 1-2

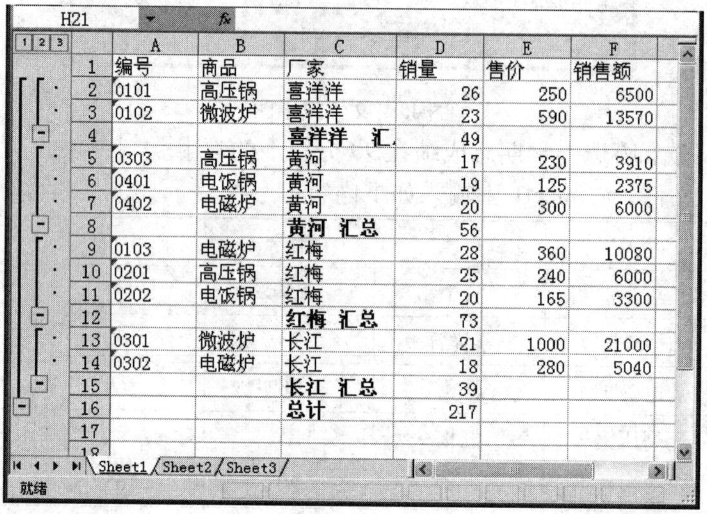

图 47　1-2

9. 按商品类别汇总销售数量。结果如图 48 1-3

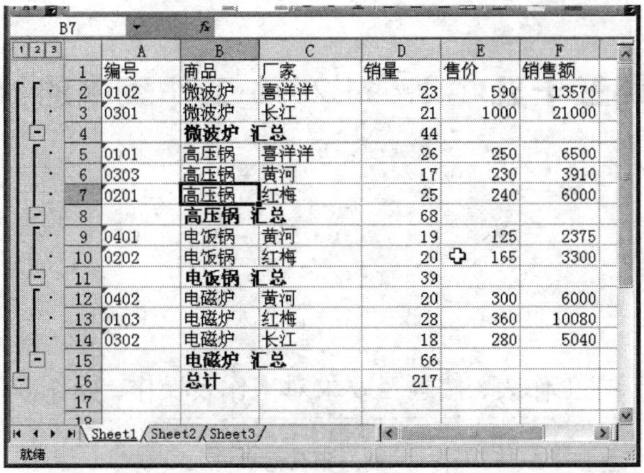

图 48-1-3

10. 按商品类别求平均单价。如图 49-1-4

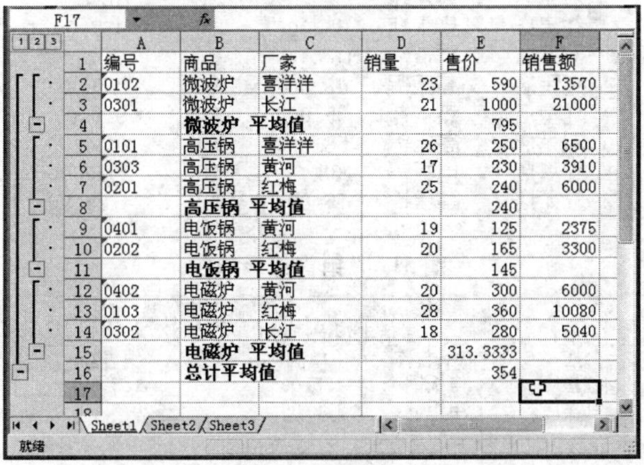

图 49-1-4

11. 求各类商品销量最大的厂家(即按商品类别求销量的最大值)。如图 50-1-5

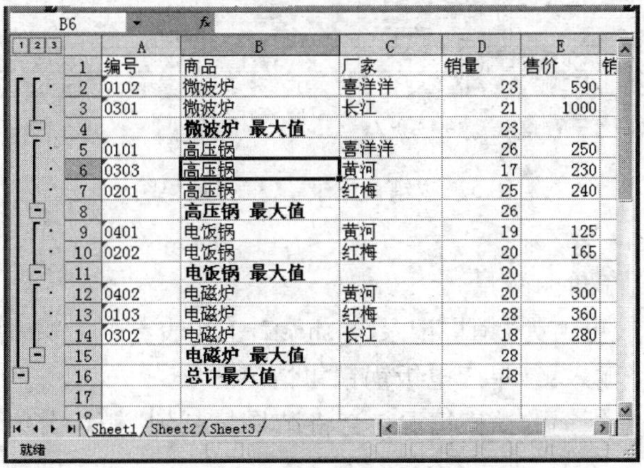

图 50 1-5

技能实训三十五　　Excel 2010 工作表中的数据汇总

一. 实训目的

电子表格中数据的汇总

二. 实训内容

1. 现有"销售记录单"工作表,按题目要求对工作表操作,操作后效果图如下:

	A	B	C	D	E
1		商品销售记录单			
2	分店	商品名称	单价	数量	销售额
3	红星店	电饭锅	135.00	31	4185.00
4	双龙店	高压锅	65.00	22	1430.00
5	双龙店	热水瓶	32.00	32	1024.00
6	红星店	热水瓶	36.00	12	432.00
7	双龙店	电饭锅	158.00	25	3950.00
8	红星店	高压锅	48.00	32	1536.00
9	红星店	热水瓶	35.00	26	910.00
10	双龙店	高压锅	58.00	43	2494.00
11	红星店	电饭锅	138.00	15	2070.00
12	双龙店	高压锅	75.00	55	4125.00

图 51　"销售记录单"

	A	B	C	D	E	F
1	红星店电饭锅销售情况					
2	分店	商品名称	单价	数量	销售额	
3	红星店	电饭锅	135.00	31	4185.00	
4	红星店	电饭锅	138.00	15	2070.00	
5						
6						
7			商品名称▼			
8	分店▼	数据▼	电饭锅	高压锅	热水瓶	总计
9	红星店	求和项:数量	46	32	38	116
10		求和项:销售额	6255	1536	1342	9133
11	双龙店	求和项:数量	25	120	32	177
12		求和项:销售额	3950	8049	1024	13023
13	求和项:数量汇总		71	152	70	293
14	求和项:销售额汇总		10205	9585	2366	22156
15						

图 52　"销售记录单"任务效果图

技能要求

(1)计算销售额(= 单价 * 数量)。

(2)将 sheet1 工作表更名为"销售记录",sheet2 工作表更名为"销售分析",并在"销售分析"工作表中 A1 单元格输入:红星店电饭锅销售情况。

(3)筛选出红星店电饭锅的销售情况,交将结果复制到"销售分析"工作表中 A2 开始的单元格区域。

(4)建立数据透视表:显示各分店各种商品的销量和以及各种商品的销售额的和,并放置在"销售分析"工作表中 A7 开始的单元格区域。

（5）操作完成将文件以原文件名保存到"D:\桌面\姓名"文件夹下。

2．现有"学生成绩表"工作表，根据题目要求对工作表操作，操作后效果图如下：

	A	B	C	D	E	F	G	H	I
1	学生成绩表								
2	序号	学号	姓名	性别	班级	数学	外语	政治	信息技术
3	1	008001	王小飞	男	一班	55	75	63	83
4	2	008002	李明真	女	二班	92	91	86	95
5	3	008003	张爱爱	女	二班	66	92	91	90
6	4	008004	刘民	男	一班	84	82	87	91
7	6	008006	赵瑞思	女	二班	81	89	89	90
8	7	008007	孟刚	男	一班	81	88	89	90
9	8	008008	陈然	女	二班	65	78	85	88
10	9	008009	李佳	女	二班	76	69	82	91
11	10	008010	肖明	男	一班	91	90	92	93

图53 "学生成绩表"

	A	B	C	D	E	F	G
1	数学成绩前三名：						
2	学号	姓名	性别	班级	数学		
3	008002	李明真	女	二班	92		
4	008010	肖明	男	一班	91		
5	008004	刘民	男	一班	84		
6	数学90以上或60以下的学生：						
7	学号	姓名	性别	班级	数学	外语	政治
8	008001	王小飞	男	一班	55	75	63
9	008002	李明真	女	二班	92	91	86
10	008010	肖明	男	一班	91	90	92
11	一、二班信息技术的平均成绩						
12	班级	外语	信息技术				
17	二班 平均值	87.5	90.8				
23	一班 平均值	80.8	89.6				
24	总计平均值	83.8	90.1				

图54 "学生工作表"任务效果图

技能要求：

（1）将sheet2工作表重新命名为"成绩分析"。

（2）将数学成绩前三的学生学号、姓名、性别、数学数据信息复制到"成绩分析"工作表中A2开始的单元格区域。

（3）把数学90以上，或60分以下的学生相关信息复制到"成绩分析"工作表。

（4）求出一、二班两个班级各自的信息技术课的平均成绩，并将结果放置在"成绩分析"工作表中A12开始的单元格区域。

技能实训三十六 Excel 2010 工作表使用图表

一. 实验目的

1. 创建图表
2. 编辑图表

二. 实验内容

创建 Excel 文件，在 sheet1 中输入四个班级的各科成绩平均分，具体内容如下：

	计算机	高等数学	英语	体育
一班	90	83	76	91
二班	82	70	96	80
三班	76	86	70	90
四班	78	85	88	84

三. 技能要求

1. 创建柱型图表，要求包括图表名称和图例，系列产生在行。
2. 编辑图表，使绘图区为粉色，数值轴为蓝色，图表区颜色为黄色。
3. 使数据系列显示值，且该值倾斜 30 度显示。

最终效果如图 55：

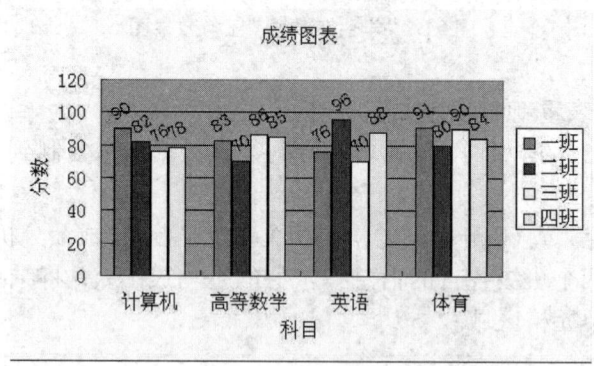

图 55 文件效果图

技能实训三十七　Excel 2010 工作表中图表制作

一．实训目的

电子表格中数据的图标格式设置

二．实训内容

打开素材文件"电脑配件销售表"工作表，按照要求操作题目，完成后效果如图57。

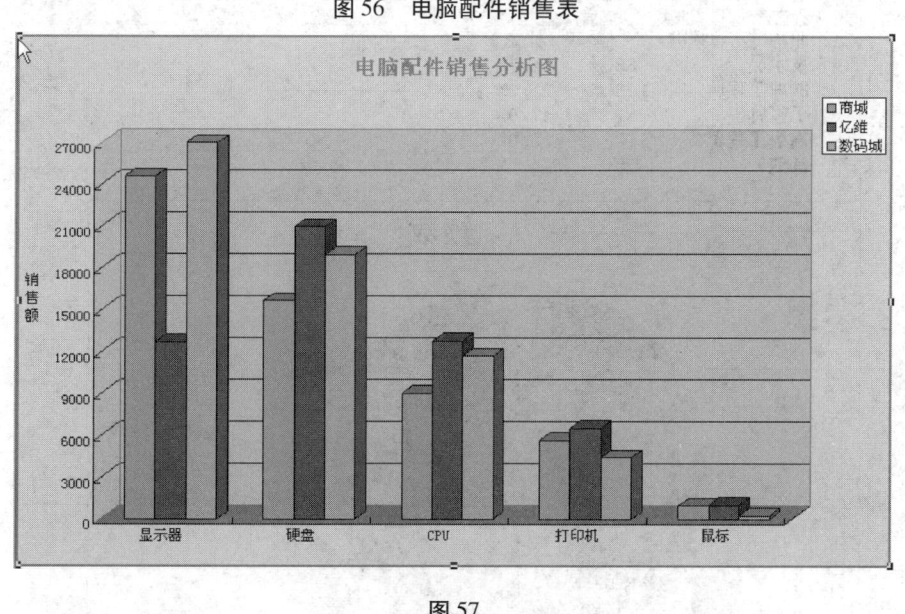

图56　电脑配件销售表

图57

技能要求

(1) 为"电脑配件销售表"建立"三维簇状柱形图"图表，图表为独立图表。

(2) 设置数值轴最大刻度为：3000。

(3) 为图表添加图标题：电脑配件销售分析图，红色，18磅；数值轴标题：销售额，12磅，对齐方式为纵向。

(4) 图例置于图表右上角。

(5) 设置图表区格式：添加红色、最粗、单线型边框，图表区填充茶色。

2. 打开素材文件“技术人员职称情况”工作表，按要求操作题目，完成后效果如图 59 所示。

	A	B	C	D	E	F	G
1	职称	频数	频率（比重）				
2	技术员	88	14.7%				
3	助理工程师	126	21.1%				
4	工程师	281	47.0%				
5	高级工程师	78	13.0%				
6	其他	25	4.2%				
7							
8							
9							

图 58　技术人员职称情况表

技能要求

(1)根据该工作表建立“二维饼图，建立的图表嵌入到工作表 A8:G26 单元格区域。

(2)添加数据标签，标签包括:类别名称、百分比。

(3)设置标签位置在“数据标签内”。

(4)数字类别设置为百分比，并保留一位小数。

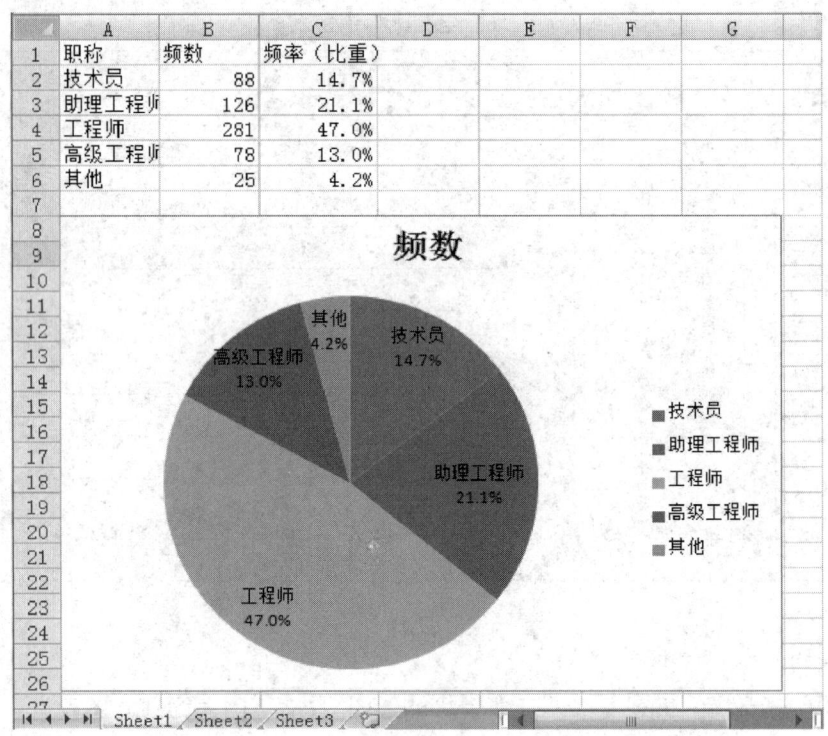

图 59

技能实训三十八　Excel 2010 工作表的页面设置

一．实验目的
练习页面设置和预览

二．实验内容

1. 给实验五中 sheet1 的数据表加边框。
2. 设置 A4 纸纵向打印。
3. 设置上下页边距为 2.8 厘米，左右为 2 厘米，水平居中。
4. 添加页眉"各班单科平均分"。
5. 预览，如图 60 所示：

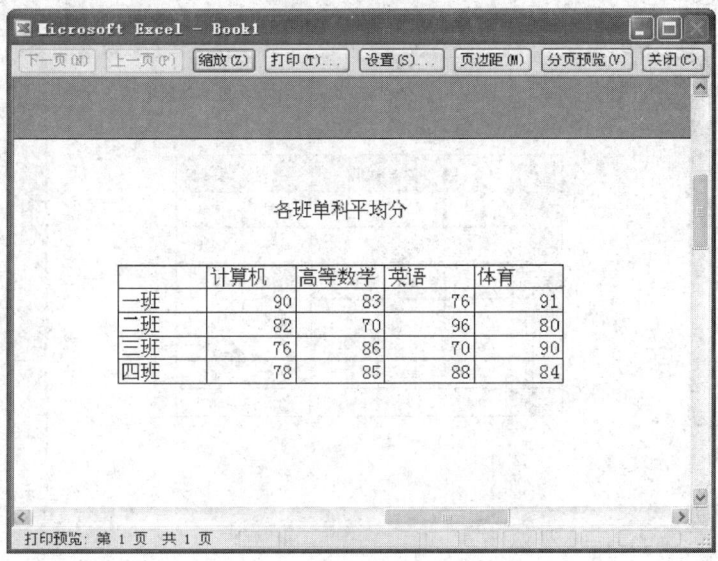

图 60

技能实训三十九　　文档的打印

一. 实训目的

文档的打印设置

二. 实训内容

1. 创建并打印如下图所示的"课程表"。要求:纸型 A4,方向:横向,自定义页脚:2013 - 9 - 1,页边距:左,右:2,2;上,下:1,2.5,页眉距边界距离 0.5CM,页脚距边界距离 1.3CM;居中方式:水平垂直都居中,设置后的打印预览界面如图 61 所示。

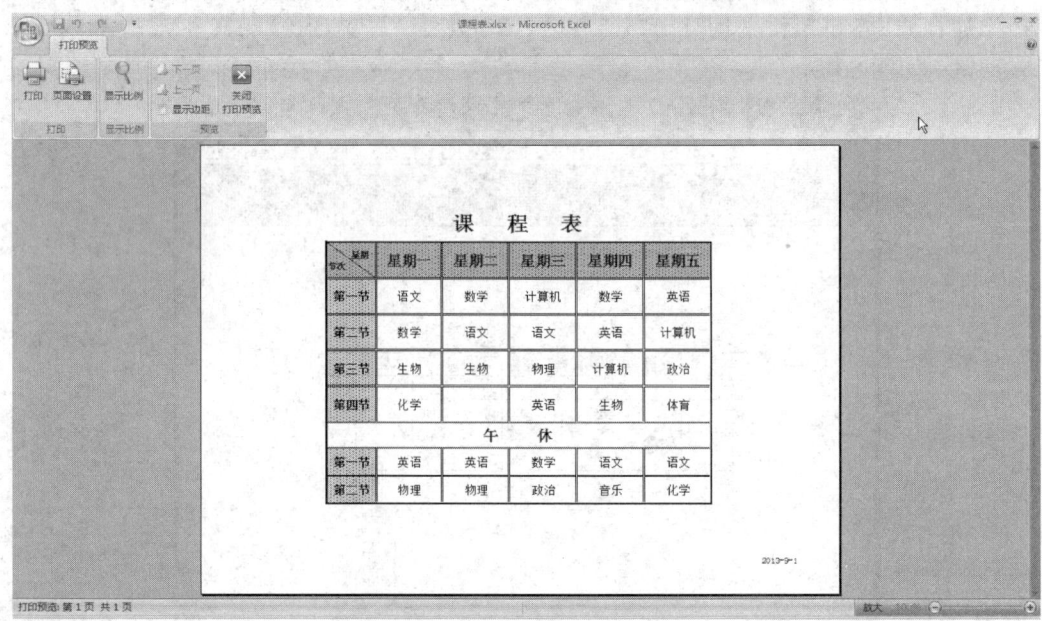

图 61

项目五 中文演示文稿 Power Point 2010

技能实训四十 演示文稿的创建

一. 实验目的

1. 掌握选择幻灯片版式的方法。
2. 掌握幻灯片标题和文本的输入及格式化方法。
3. 掌握表格、文本框、组织结构图的插入方法。
4. 掌握图片的插入和格式设置方法。
5. 掌握声音文件和视频文件的添加方法。
6. 掌握旁白的录制方法。
7. 掌握幻灯片的编排方法。
8. 掌握幻灯片的装饰方法。

二. 实验内容

1. 打开 PowerPoint 演示文稿。
2. 为第一张幻灯片选择"标题、文本和两个内容"版式。
3. 标题输入"产品销售情况",文本输入四段"一季度销售情况"、"二季度销售情况"、"三季度销售情况"、"四季度销售情况"。
4. 标题格式设置为"黑体、44 磅、加粗、居中、蓝色"。
5. 文本格式设置为"楷体、28 磅、黑色",段落行距为 2 行,改变项目符号为对号。
6. 在右上方媒体占位符处插入手机图片,设置图片高度 4.5 厘米,宽度 6 厘米。
7. 在右下方媒体占位符处插入 5 行 4 列表格,输入如下内容

	销售单价	销售数量	销售金额
一季度	1860	300	558000
一季度	1800	320	576000
一季度	2000	280	560000
一季度	1700	400	680000

8. 设置表格文字"宋体、18 磅、居中、绿色"。
9. 为当前幻灯片录制一段旁白。
10. 建立一张新幻灯片,选择"标题和内容"版式。
11. 标题输入"专家评价视频",格式设置为"宋体、44 磅、居中"。
12. 在媒体占位符处插入视频,调整视频位置,占右侧三分之二。

13. 在左侧插入一文本框，输入"专家组成员通过考察和验证，对此款手机的外形设计、功能给予高度评价。"，格式设置为"楷体、28磅、左对齐"。

14. 建立一张新幻灯片，选择"标题和和两个内容"版式。

15. 输入标题"销售网络网"，格式设置"宋体、44磅、居中"。

16. 在左侧媒体占位符处插入一个组织结构图，右侧占位符处插入声音解说文件。调整两个内容的区域大小。

17. 将第三张幻灯片移动到第一张的位置。

18. 给第一张、第二张幻灯片设置"Balance"模板背景，第三张幻灯片设置"羊皮纸"背景。

19. 保存演示文稿，名字为"手机销售"。

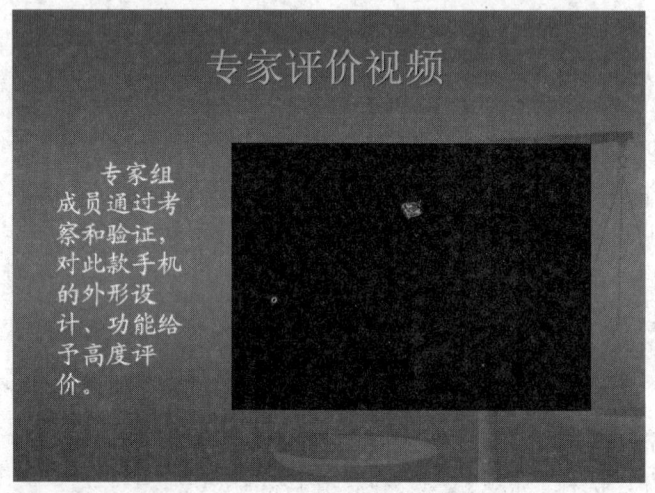

图62　第一张幻灯片效果图

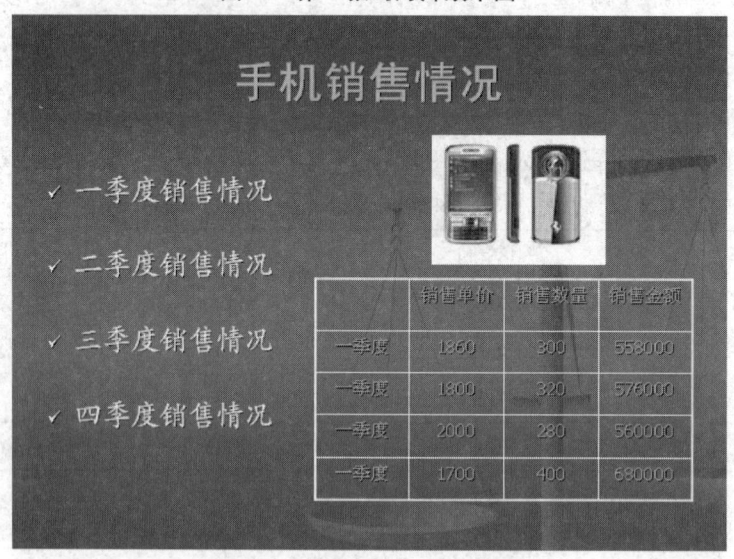

图63　第二张幻灯片效果图

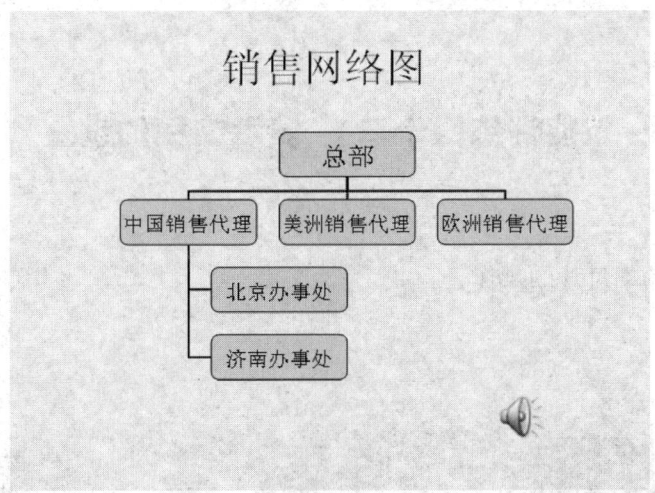

图64　第三张幻灯片效果图

技能实训四十一　演示文稿的动画制作

一．实验目的：

1. 掌握幻灯片的切换效果设置方法。
2. 掌握自定义动画设置方法。
3. 掌握幻灯片中的超级链接方法。
4. 掌握演示文稿放映方法。

二．实验内容：

1. 打开"手机销售"演示文稿。

2. 为第一张幻灯片切换方式设置"向下插入"，切换时间设置为4秒。标题动画设置为"添加效果"中"进入"的下级菜单中"轮子"；文本框内容动画设置为"添加效果"中"强调"的下级菜单中"忽明忽暗"。（每个任务的"开始"设置为"之后"，速度为"慢速"）

3. 为第二张幻灯片切换方式设置"圆形"，切换时间设置为4秒。文本动画设置为"上升"，图片动画设置为"添加效果"中"进入"的下级菜单中"百叶窗"；表格的动画设置为"进入"菜单里的"切入"并且设置动画后文字变成黑色。（每个任务的"开始"设置为"之后"，速度为"慢速"）

4. 为第三张幻灯片切换方式设置"阶梯状向左下展开"，切换时间设置为4秒。组织结构图的动画设置为"添加效果"中"强调"的下级菜单中"其它效果"的"随机线条"；设置声音标志动画为"强调"中的"放大\缩小"，并让声音标志动画重复4次，该任务的"开始"设置为"之前"；在幻灯片右下角添加"结束"的动作按钮，并链接到第一张幻灯片。（每个动作的速度为"慢速"）

5. 放映演示文稿。

技能训练四十二　　演示文稿的设置

一．实训目的

掌握演示文稿的幻灯片的操作

二．实训内容

图65　原始图

图66　效果图

三、技能要求

步骤1.根据提供的素材,创建新演示文稿文件。

步骤2.第一张:在第一张幻灯片中插入给定的图片做为背景。插入背景音乐文件,并设置这:放映时隐藏、循环播放直到停止;播放音乐的方式:自动播放。设置标题为:华文行楷、加粗、文字阴影、红色;影像:紧密接触;发光:强调文字颜色1,5pt 发光;棱台;冷色斜面;三维旋转:斜透视。设置标题自定义动画:盒状、缩小、中速、单击鼠标、无声音。幻灯片的切换方式:切出,单击鼠标。

步骤3.第二张:选定文本,添加形状样式为:浅色1轮廓,彩色填充,强调颜色6。动画效果:菱形展开。幻灯片切换:溶解。

步骤4.第三张:设置其幻灯片的主题为:平衡。添加艺术字,并设置其艺术字样式为:填充-强调文字颜色2,粗糙棱台。插入化段棱锥图,为其上的文字添加相应的超链接。切换效果:向下擦除。

步骤5.第四张:设置图片样式为:简单框加,白色。文本设置形状样式为:浅色1轮廓,彩色填充-强调颜色2。将图片组合,并设置动画效果:梯状。文本动画效果:强调,陀螺旋。切换效果:盒状收缩。

步骤6.第五张:图片样式为:映像圆角矩形。动画效果:伸展。文本形状轮廓为:橙色、4.5磅。动画效果:劈裂。切换效果:圆形。

技能训练四十三　　演示文稿的动画设置

一. 实训目的

掌握演示文稿的动画设置

二. 实训内容

图67　原始图

图68　效果图

三. 技能要求

步骤1. 第一张:图片样式为:柔化边缘椭圆、柔化边缘10磅。动画效果:圆形拓展。文本形状样式为:中等效果,强调颜色2。动画效果:轮子。切换效果:楔入。

步骤2. 第二张:图片样式为:棱台矩形。动画效果:十字形扩展。文本形状样式:浅色1轮廓,颜色填充–强调颜色4。动画效果:棋盘。切换效果:

步骤3. 第三张:图片样式为:柔化边缘矩形。动画效果:伸展。文本形状样式:中等效果,强调颜色6。动画效果:擦除。切换效果:菱形。

步骤4. 第四张:图片样式为:剪裁对角线,白色;动画效果:出现。文本形状样式为:浅色1轮廓,彩色填充–强调颜色4;动画效果:强调,忽明忽暗。切换效果:从内到外水平分割。

步骤5. 第五张:图片样式为:矩形投影;动画效果:压缩。文本形状样式为:浅色1轮廓,彩色填充–强调颜色3;动画效果:动作路径,对角线向右下。切换方式:新闻快报。

步骤6. 第六张:设置图样式:双框架、黑色;图片边框:深蓝;图片效果:棱台,硬边缘。动画效果进入,百叶窗;退出:收缩。两张小图片与文本动画效果:展开,之后。

技能训练四十四 演示文稿的格式设置

一. 实训目的

掌握演示文稿的模板、背景等的设置

二. 实训内容

图69 原始图

图70 练成品稿

三．技能要求

步骤1．根据提供的素材，创建演示文稿的母板幻灯片。

步骤2．第一张：在第一张幻灯片中插入给定的图片做为背景。插入背景音乐文件，并设置这：放映时隐藏、循环播放直到停止；播放音乐的方式：自动播放。设置标题为：华文行楷、加粗、文字阴影、红色；影像：紧密接触；发光：强调文字颜色1，5pt 发光；棱台：冷色斜面；三维旋转：斜透视。设置标题自定义动画：盒状、缩小、中速、单击鼠标、无声音。幻灯片的切换方式：切出，单击鼠标。

步骤3．第二张：选定文本，添加形状样式为：浅色1轮廓，彩色填充，强调颜色6。动画效果：菱形展开。幻灯片切换：溶解。

步骤4．第三张：设置其幻灯片的主题为：平衡。添加艺术字，并设置其艺术字样式为：填充－强调文字颜色2，粗糙棱台。插入化段棱锥图，为其上的文字添加相应的超链接。切换效果：向下擦除。

步骤5．第四张：设置图片样式为：简单框加，白色。文本设置形状样式为：浅色1轮廓，彩色填充－强调颜色2。将图片组合，并设置动画效果：梯状。文本动画效果：强调，陀螺旋。切换效果：盒状收缩。

步骤6．第五张：图片样式为：映像圆角矩形。动画效果：伸展。文本形状轮廓为：橙色、4.5磅。动画效果：劈裂。切换效果：圆形。

步骤7．第六张：图片样式为：柔化边缘椭圆、柔化边缘10磅。动画效果：圆形拓展。文本形状样式为：中等效果，强调颜色2。动画效果：轮子。切换效果：楔入。

步骤8．第七张：图片样式为：棱台矩形。动画效果：十字形扩展。文本形状样式：浅色1轮廓，颜色填充－强调颜色4。动画效果：棋盘。切换效果：

步骤9．第八张：图片样式为：柔化边缘矩形。动画效果：伸展。文本形状样式：中等效果，强调颜色6。动画效果:擦除。切换效果:菱形。

步骤10.第九张:图片样式为:剪裁对角线,白色;动画效果:出现。文本形状样式为:浅色1轮廓,彩色填充-强调颜色4;动画效果:强调,忽明忽暗。切换效果:从内到外水平分割。

步骤11.第十张:图片样式为:矩形投影;动画效果:压缩。文本形状样式为:浅色1轮廓,彩色填充-强调颜色3;动画效果:动作路径,对角线向右下。切换方式:新闻快报。

步骤12.第十一张:设置图样式:双框架、黑色;图片边框:深蓝;图片效果:棱台,硬边缘。动画效果进入,百叶窗;退出:收缩。两张小图片与文本动画效果:展开,之后。

步骤13.第十二至十八张根据成品稿,利用幻灯片的复制或新建幻灯片,插入对象,设置对象的格式和动画效果和幻想灯片的切换效果。

步骤14.最后,对该演示文稿设置其播放方式并对其进行打包。

项目六　　计算机网络应用基础

技能训练四十五　　组建对等局域网

一．实验目的

1．学会拓扑结构的选型，综合分析及设计局域网。
2．掌握网络共享资源的设置。
3．掌握对等局域网组网技术。

二．实验内容

1．熟悉网络环境，认识网络中心、网络集成实验室或其他机构，对网络设备、通信介质、拓扑结构、有一个感性认识。应该做到：
(1)能分辨出不同的网络拓扑结构。
(2)能分辨出网络的服务器、客户器、路由器、交换机等。
(3)能分辨出网络所使用的网络操作系统和各种服务功能。
(4)能分辨出网络所使用的协议。
2．制作网线。
(1)取一根电缆，用电线工具在电线的两端各切开一个小口。
(2)用电缆工具剥去电统一端的封套皮，长度约为2M(当心不要损坏里面双绞线的绝缘层)。
(3)小心地分开四对双绞线，但仍需保持双绞线两线之间的缠绕。
(4)使用电线工具，在这八根电线上剥去约1cm长的绝缘层。
注意：解开双绞线两线之间的缠绕长度不得超过1.5cm。
(5)根据表1所描述的颜色和排列号的关系，用电线工具将电线压入RJ-45水晶头中相应的管脚，从而完成电线一端的制作。

表1 制作交叉线缆末端所使用的管脚号和颜色编码

管脚号	功能	颜色
1	接收+	白色和橘黄色相间
2	接收-	黄色
3	发送+	白色和绿色相间
4	未使用	蓝色
5	未使用	白色和蓝色相间
6	发送	绿色
7	未使用	白色和褐色相间
8	未使用	褐色

(6)对该电缆的另一端,重复(2)、(4)步。

(7)根据表2所描述的颜色和排列号的关系,用电线工具将电线的另一端压入 RJ-45 水晶头中相应的管脚,从而完成完整交叉电缆的制作。

表2 制作直接电缆末端使用的管脚号和颜色编码

管脚号	功能	颜色
1	接收+	白色和橘黄色相间
2	接收-	黄色
3	发送+	白色和绿色相间
4	未使用	蓝色
5	未使用	白色和蓝色相间
6	发送	绿色
7	未使用	白色和褐色相间
8	未使用	褐色

(8)线缆两端全部按照表2,重复(1)-(7)步,完成直接电缆的整个制作。

3.通过交叉线完成两台机器的对等连接。

将交叉电缆的一端连接到一台汁算机的网络接口卡上;而另一端连接到另一台计算机网卡,观察每块网络接口卡上的指示灯是否变亮。

4.通过集线器连接2台以上机器。

将直接电缆两端分别插在计算机的网络接口和集线器接口,接通 Hub 电源,观察每台计算机的网卡指示灯是否变亮、集线器一端接口指示灯是否变亮。

5.网卡的配置以及网络协议的安装。

操作过程同 7-1 任务中步骤七。

6.设置网络共享,添加网络打印机。

(1)分别在连接的计算机上设置共享文件夹,并选择一台计算机安装打印机并设置成共享。

(2)通过"网上邻居"查看同一工作组计算机的共享文件夹。

(3)通过"打印机和传真"查找共享打印机并添加网络打印机。

7. 观察学校计算机机房的网络设备和网络布线，看看是否有需要改进的地方。

8. 在老师的指导下，使用"添加和删除硬件向导"删除已安装的网卡，然后重新安装，并查看系统自动安装的网络组件。

三．实验注意事项

1. 分组实验，每2-4人一组。

2. 每组所需实验材料：

计算机2~4台、打印机一台、4~8口集线器一个、带有RJ-45接口的PCI网卡及驱动程序、双绞线及RJ-45水晶头若干、网线钳1~2把。

3. 上述内容指导老师可根据实验室具体情况进行调整

四．写出实验报告。

技能训练四十六　驱动器共享的设置

一．实验目的

驱动器共享的设置方法

二．实验内容

1. 在一个局域网内设置其中一台机器的D盘驱动器为共享属性。

2. 在其它机器上利用网上邻居来共享其D盘上的信息和文件。

三．写出实验报告。

技能训练四十七　IE浏览器的应用

一．实验目的

掌握IE浏览器的使用。

二．实验内容

1. IE浏览器的安装与作用。

2. 使用IE浏览器浏览网页。

3. IE 浏览器的设置与使用方法。
4. 利用 IE 浏览器下载腾讯 QQ。

三. 写出实验报告。

技能训练四十八　电子邮件的应用

一. 实验目的

1. 掌握电子邮件的申请设置和使用。
2. 掌握电子邮件管理程序的设置和使用。
3. 了解即时通讯软件的使用方法，养成良好的上网习惯。

二. 实验内容

1. 进入免费邮箱所在网站申请并收发电子邮件，如新浪、163 邮箱或 126 邮箱等。
(1) 接收和阅读邮件：由指导老师提供作业邮箱账号，并给发送邮件，主题是班级名称 + 姓名，邮件内容为个人简历。
(2) 建立通讯录：了解周围同学的邮箱账号，通过电子邮箱通讯录功能建立班级同学通讯录。
(3) 发送和抄送，回复和转发邮件：同学之间相互发送电子邮件 1-3 封，可互相转发或者抄送。
2. 使用 Foxmail 收发邮件
(1) 建立新帐户：利用自己的邮箱账号建立 Fox 账户，可采用昵称也可使用同电子邮箱的账号。
(2) 建立地址簿。
(3) 撰写并发送和抄送一封邮件。
3. 利用 IE 方式下载即时通讯软件（腾讯 QQ），申请帐号，添加联络对象。
4. 浏览"霏凡软件站 http://www.crsky.com/"，下载并安装下载工具软件（迅雷、网际快车），练习下载工具相关操作。

三. 写出实验报告。

技能训练四十九　　病毒的查杀

一．实验目的

1. 掌握病毒的类型、危害与防治。
2. 掌握病毒的查找与杀毒方法。
3. 掌握病毒库的升级与杀毒软件应用。

二．实验内容

1. 通过网络了解病毒的类型、一般危害及其防治措施。
2. 了解一般杀毒软件的使用方法。
3. 能够利用杀毒软件对系统进行病毒的查找与处理方法。

三．写出实验报告。

第三部分 技能测试

技能测试一　中文 Windows 7 操作（一）

1. 在 D 盘上建立 LX1 文件夹，在 C 盘上查找 5 个扩展名为 WAV 的文件，将它们复制到 LX1 文件夹中，并把它们设置为只读属性。
2. 在桌面上创建 MS – DOS 的快捷方式。
3. 将任务栏设置为自动隐藏，并在任务栏上隐藏时钟。
4. 请打开"画图"、"我的电脑"、"我的文档"三个窗口，用三种方法完成窗口之间的切换。
5. 设置屏幕保护程序为"变幻线"，并把等待时间设置为 5 分钟。
6. 在"Windows 资源管理器"中，显示状态栏和所有的工具栏，并以详细资料方式显示文件和文件夹。
7. 建立扩展名为 CHJ 的文件类型，当用户双击 CHJ 文件时，能够启动记事本打开该文件。

技能测试二　中文 Windows 7 操作（二）

1. 在 D 盘上创建如下所示文件夹

2. 把硬盘上 Windows 文件夹中的任意三个不连续的配置文件复制到子文件夹 K1 中。
3. 把硬盘上应用程序"记事本"（notepad.exe），复制到文件夹 K2 中。
4. 打开应用程序"计算器"，并把"计算器"窗口复制到文件 Newc.doc 中。最后把文件 Newc.doc 保存到子文件夹 K3 中。
5. 在桌面上为应用程序"画图"创建快捷方式。

技能测试三　Word 2010 操作(一)

一、题目要求

1. 输入样张中的文字，然后存盘。
2. 按样张插入"文字处理软件"艺术字标题，并设置成两个形状相同，位置不同的艺术字体，外面加红色边框(文本框)。
3. 正文设置为楷体_GB2312 小四号字，然后按样张将第一段正文所有英文单词设置成大写表示，空心字，粗斜体，加双下划线。
4. 将所有段落之间的距离设置为 12 磅，把第三段设置成 1.5 倍行距，并分成三栏，第一栏栏宽 4.5 厘米，第二栏宽 3 厘米，并加上分隔线。
5. 按样张所示插入 Word 2000 窗口的常用工具栏，并压缩为原来大小的 70%，环绕方式为"紧密型"。
6. 把第二段首字下沉 2 行，距离正文 0.2 厘米。

二、样张

文字处理软件　文字处理软件

WORD PROCESSING SOFTWARE，简称文字处理软件，是办公自动化中最常用的一类应用软件，它能支持用户生成并打印以文字为主、兼含图像和数据表格的各种文档。

早期的文字处理软件常称为编辑程序，又可区分为"行编辑程序"(line editor)和"全屏幕编辑程序"(Full Screen Editor)。

现在 [工具栏图像] 的文字处理软件是编辑程序的发展和延伸。与仅有单一编辑功能的编辑程序相比，这类软件通常集编辑、排版、打印于一身，能同时处理文本、图形与表格，满足各种公文、书信、报告、图表、报表以及其他文档编排打印的需要。

文字处理软件品种繁多，但功能大都相似。从运行环境分，又有 DOS 与 WIN-DOWS 两大类。现在我国流行的主要是 WINDOWS 字处理软件，例如美国微软公司的中文版 WORD 2000 FOR WINDOWS 和香港金山公司的 WPS FOR WINDOWS 等。

技能测试四　Word 2010 操作(二)

一. 题目要求

1. 输入样张中的文字,然后存盘。
2. 按样张将正文的标题居中,黑体二号字,并加样张所示的边框。
3. 把全文的行距设置为 1.25 倍行距,并分为等宽的两栏,每栏的宽度为 15.5 字符。
4. 将第一段中所有的"网络"的格式改为:红色楷体、加粗倾斜、小四号、字符间距设置为加宽的 1 磅,并加上礼花绽放的效果。
5. 按样张所示,输入公式,并插入到第一段中间,环绕方式设置为四周型,外加带图案的蓝色三线框。
6. 在第二段插入"上凸带形"的自选图形(位于"自选图形"下的"星与旗帜下"),大小设置为高 1.5 厘米,宽 2.8 厘米,按样张设置文字环绕;为自选图形添加文字"网络",设置隶书二号。
7. 在两栏之间插入竖排文本框"网络生存空间",设置为蓝色小二号字、黑斜体。
8. 页眉加入标题并居中,五号黑体,将页码加入到页脚、居中。

二. 样张

网 络 基 础

Internet 网是世界上最大的互联网络,它本身不是一种具体的物理网络技术。把它称为网络是网络专家们为了让大家容易理解而给它加上的一种"虚  拟"概念。它把全世界各地已有的各种网络,例如计算机网、数据通信网以及公用电话交换网等互连起来,组成一个跨越国界范围的庞大的互联网,因此也称为"网络的网络"。

因特网是计算机和通信两大现代技术相结合的产物,代表着当代计算机网络体系结构发展的一个重要方向。它的出现已经引起了人们的极大兴趣和高度重视,越来越多的人被吸引到 Internet 中来,并被网上无所不包的资源所征服。人们在网上可以广交朋友,读万卷书,行万里路。

由于 Internet 的成功和发展,人类社会的 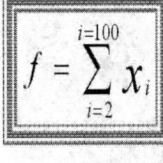 发生变化,可以生活理毫不夸张地说,念正在 Internet 网络是人类文明史上的一个重要里程碑。

技能测试五　Word 2010 操作(三)

一. 题目要求

1. 输入样张中的文字，然后保存文档。
2. 添加艺术字标题，艺术字式样为"艺术字"库的第3行第1列，字体为36号宋体，艺术字形状为第3行第2列，艺术字阴影为第5行第2列；按照样张旋转该艺术字。
3. 正文行距设置为2倍行距，把正文首字下沉2行，分为宽度相等的两栏，加分割线，并插入如样张所示的图片(位于"建筑类"下的"学校")。
4. 绘制样张所示的流程图，组合所绘制流程图并设置"雨后初晴"填充效果。
5. 按照样张为流程图添加标注(位于"自选图形"下的"标注")。
6. 将文中所有"罗马"格式设置为红色，并加上"赤水情深"的文字效果。

二. 样张

条条大道通罗马

罗马被称之为永恒之城，因为它攻不垮，烧不毁。她吸引着来自世界各地的学者、艺术爱好者与旅游者。古罗马帝国的废墟上是现代罗马城的心脏。罗马位于台伯河上，离地中海只有17英里，阳光灿烂，

天空蔚蓝。冬天多雨，高山地带偶有暴风雨。台伯河西岸是现代住宅，东岸则有圣彼得大教堂。1910年撤掉城墙以后，罗马扩大了两倍，人口也大大增加。罗马人喜欢闹市，以世界上最闹的城市而自豪。

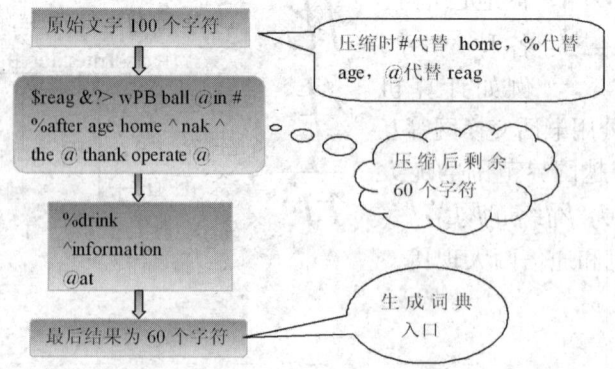

技能测试六　Word 2010 操作(四)

一. 题目要求

1. 输入样张中的文字，然后存盘。
2. 将页面上下边距设置为 2 厘米，左右边距设置为 3 厘米。
3. 将正文第 1、2 段设置为 1.5 倍行距，并把第 1、2 段中所有的"树叶"的格式设置为加粗的四号楷体，并加上亦真亦幻的文字效果。
4. 将标题设置为样张所示的艺术字，将底纹设置为黑色；副标题为小二号楷体，并添加淡蓝色底纹。
5. 将第 1、2 段设置为 2 栏，第 1 栏栏宽为 12 个字符，间距为 2 个字符，加上分割线。在两栏之间添加"音乐的魅力"，设置隶书、小二号、菊黄色。
6. 添加如样张所示的剪贴画并制作水印(位于"植物"下的"树木")。
7. 创建名称为"段落样式 1"的段落样式，1.25 倍行距，小四号绿色宋体，0.5 磅边框，淡绿色底纹；并把此样式应用于最后一段。
8. 设置页眉、页脚，在页眉中输入"绿色旋律"文字并居中，在页脚插入页码。

二. 样张

绿色旋律

—— 树叶音乐

音乐的魅力

吹树叶的音乐形式，在我国有悠久的历史。早在一千多年前，唐代杜佑的《通典》中就有"衔叶而啸，其声清震"的记载。

吹树叶一般采用桔树或杨树的叶子，以不老不嫩为佳太嫩的叶子软，不易发音；老的叶子硬，音色不柔美。他的演奏，是靠运用适当的气流吹动叶片，使之震动发音的。叶子是簧片，口腔象个共鸣箱。吹奏时，将叶片夹在唇间，用气吹动叶片的下半部，使其颤动，以气息的控制和口型的变化来掌握音准和音色，能吹动两个八度音程。

用树叶伴奏的抒情歌曲，于淳朴自然中透着清新之气，意境优美，别有风情。

技能测试七　Word 2010 操作(五)

一．题目要求

1．输入样张中所示的文字，然后存盘。

2．按样张设置文字和段落格式，正文为五号宋体，标题为三号粗体，正文标题为小四号、加着重号、20%灰度底纹。

3．添加样张所示的项目符号，颜色设为红色，字体小四号。

4．在文档右侧插入文本框，在文本框中输入样张所示的内容，设置为四号、粗体，居中显示。

5．利用复制窗口的方法，插入样张所示的窗口画面并设"四周"型环绕方式，大小相当于原始图形的50%。

6．在正文最后插入分页符，在奇数页的页眉中插入"奇数页"文字作为页眉，在偶数页插入"偶数页"文字作为页眉。

7．任意选择两幅剪贴画，分别在奇数页和偶数页制作不同的水印。

二．样张

Word 特殊技巧

使用特殊符号

在 Word 中有一些鲜为人知的快捷键，可以用来快速输入某些特殊符号，下面列出几个实用的快捷键：

● 在元音上加一个重音符号，我们只要先按"Ctrl +"两键，然后敲元音字符即可；
● 版权符：Alt + Ctrl + C；
● 注册符：Alt + Ctrl + R；
● 上下颠倒的问号：Ctrl + Shift + Alt + ?；
● 上下颠倒的感叹号：Ctrl + Shift + Alt + !。

设置奇偶页不同页眉、页脚和水印

1．设置使用奇偶页不同页眉选项：点击"文件"菜单下"页面设置"命令，切换至"版式"标签，选中"奇偶页不同"选项，如右图所示。

2．分别进入奇数页和偶数页，设置相应的页眉、页脚和水印即可。

Hápppy Néw Yéar
© 版权所有¿
® 注册商标¡

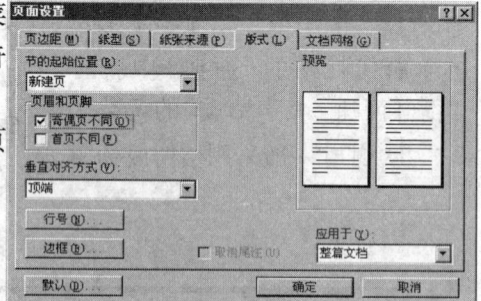

技能测试八　Word 2010 操作(六)

一.题目要求

1. 按样张录入文字并存盘。
2. 将"电脑幽默"应用"标题4"样式并居中。
3. 为各段添加样张所示的项目符号,字体设置为4号,颜色为红色。
4. 插入剪贴画(位于"娱乐"下的"魔术"),并制作样张所示的水印。
5. 按样张设置正文的文字和段落格式,每段的"标题"设置为斜体、加着重号,最后一段文字按样张设置边框和20%灰度底纹;段落行距为1.5倍行距,左缩进2个字符,悬挂缩进2个字符。
6. 插入"电脑幽默"艺术字,并设置"彩虹出岫"填充效果。
7. 在正文最后插入分页符,为奇、偶页设置不同的页眉。

二.样张

电脑幽默

♠清零(Reset):每带女朋友逛一次精品店就可以使我们的钱包清零一次。

♠计算机病毒(Computer Virus):一种真正的实实在在的免费软件。

♠重新安装(Reinstall):软件公司对用户周期性的惩罚。

♠电子商务(E-Business):电脑网络时代一种令人悲哀的产物,它最大的坏处在于剥夺了我们数钱时的快乐。

♠网主(Webmaster):一种现代的仁慈的蜘蛛,从不吃掉那些被叫作"网虫"的虫子,只是慢慢地把网虫们的口袋掏干。

♠视窗98(Window98):也叫戴安娜,美丽、诱人、耗资巨大、追逐者无数、不幸崩溃。

♠关机(Shut Off):这是一种效果最好的屏幕保护,也是最佳防病毒措施。

技能测试九　Excel 2010 操作(一)

一.题目要求

1. 在Sheet1表中输入样张中表格内容并将其更名为"综合测评"(总分和综合分不用输入,需要用公式进行计算)。按样张进行格式化:设置边框、对齐方式,字号为12,标题文字为14号粗体,使用条件格式让成绩<60者用红色粗斜体显示。
2. 使用公式计算每个学生的总分和综合分,将计算结果依次填入G列和I列相应的单元格内。其中：

总分 = 数学 + 英语 + 计算机

综合分 = $\dfrac{\text{本人总分} - \text{总分最低分}}{\text{总分中最高分} - \text{总分中最低分}} \times 70 + \text{附加分} - \text{不及格门数} \times 5$

提示：总分中最高分和最低分可用MAX、MIN 函数获得，不及格门数可以使用COUNTIF函数获得。

3. 将"综合测评"工作表内容复制到Sheet2，按专业进行两次分类汇总，如样张所示，按专业计算总分和综合分的平均值，最后将Sheet2更名为汇总表。

4. 在综合测评表中，创建样张所示的簇状柱形图，并进行格式化：除标题文字大小为14磅外，其余为10磅，改变"计算机"系列的填充颜色为红色，按样张的位置在图表中添加自选图形"最高分"，并将其与图表进行组合，其余格式参照样张设置。

5. 在新工作表中创建样张所示的数据透视表，将该工作表更名为透视表。

二. 样张

1. 综合测评表样张

	A	B	C	D	E	F	G	H	I
1	姓名	性别	专业	数学	英语	计算机	总分	附加分	综合分
2	李景瑶	女	计算机	89	78	85	252	15	65.72
3	单涛	女	计算机	91	85	95	271	18	88.00
4	王前	女	计算机	43	73	86	202	19	14.00
5	韩琳	男	能源	86	46	85	217	27	37.22
6	李乾	男	能源	47	82	85	214	23	30.17
7	田娜	男	能源	85	78	98	261	22	81.86
8	甘露	女	外语	78	86	53	217	25	35.22
9	周宇	男	外语	70	92	51	213	20	26.16

2. 汇总表样张

	A	B	C	D	E	F	G	H
1	姓名	专业	数学	英语	计算机	总分	附加分	综合分
2	甘露	外语	78	86	53	217	25	35.22
3	周宇	外语	70	92	51	213	20	26.16
4		外语 平均值				215.00		
5		外语 平均值						30.69
6	韩琳	能源	86	46	85	217	27	37.22
7	李乾	能源	47	82	85	214	23	30.17
8	田娜	能源	85	78	98	261	22	81.86
9		能源 平均值				230.67		
10		能源 平均值						49.75
11	李景瑶	计算机	89	78	85	252	15	65.72
12	单涛	计算机	91	85	95	271	18	88.00
13	王前	计算机	43	73	86	202	19	14.00
14		计算机 平均值				241.67		
15		计算机 平均值						55.91
16		总计平均值				230.88		
17		总计平均值						47.29

3. 图表样张

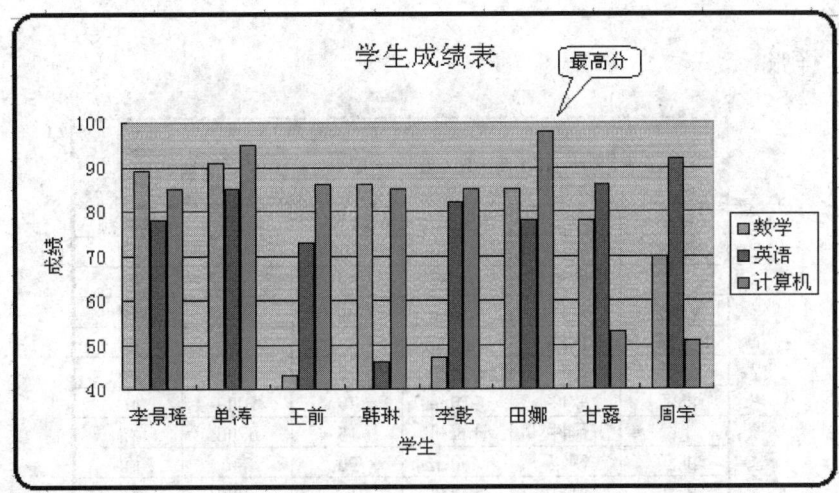

4. 数据透视表样张

	A	B	C	D	E
1					
2					
3			性别		
4	专业	数据	男	女	总计
5	计算机	平均值项:综合分		55.91	55.91
6		计数项:综合分		3	3
7	能源	平均值项:综合分	49.75		49.75
8		计数项:综合分	3		3
9	外语	平均值项:综合分	26.16	35.22	30.69
10		计数项:综合分	1	1	2
11	平均值项:综合分 的求和		43.85	50.74	47.29
12	计数项:综合分 的求和		4	4	8

技能测试十 Excel 2010 操作（二）

一. 题目要求

1. 在 Sheet1 中输入样张中的数据，并完成下列操作，然后存盘。

2. 将标题设置成 18 磅宋体、居中，并 25% 的灰色底纹修饰。

3. 用公式计算销售额，销售额 = 单价 × 数量，并用千分位分隔符表示其值；最后给单价及销售额加上人民币符号。

4. 按样张设置边框、对齐等格式。

5. 将 Sheet1 中的数据复制至 Sheet2 中，如样张所示，在 Sheet2 工作表中按商品类别汇总销售数量和销售额，在此基础上再汇总出三个地区同一商品的平均销售额，并对汇总表按样张进行格式化。

6. 将 Sheet1 中的数据复制至 Sheet3 中，按样张所示，在 Sheet3 工作表 A40 起始处建立数据透视表。

二. 样张

1. Sheet1 样张

	A	B	C	D	E	F
1	江浙沪地区计算机类商品销售报表					
2	省市	商品类别	商品名称	数量	单价	销售额
3	江苏	网络	Modem	115	320	##
4	上海	软件	Office	50	1500	##
5	江苏	软件	Office	100	900	##
6	上海	网络	Modem	100	330	##
7	江苏	硬件	计算机	10	7200	##
8	浙江	软件	Office	79	1000	##
9	上海	硬件	计算机	15	6700	##
10	浙江	网络	Modem	90	340	##
11	浙江	硬件	计算机	13	7000	##

2. Sheet2 样张

商品类别	商品名称	数量	单价	销售额
硬件 平均值				##,###
硬件 汇总		##		###,###
网络 平均值				##,###
网络 汇总		###		###,###
软件 平均值				##,###
软件 汇总		###		###,###
总计平均值				##,###
总计		###		###,###

3. Sheet3 样张

			商品名称			
20						
21	省市	数据	Modem	Office	计算机	总计
22	江苏	求和项:销售额	36800	90000	72000	198800
23		最大值项:销售额2	36800	90000	72000	90000
24	上海	求和项:销售额	33000	75000	100500	208500
25		最大值项:销售额2	33000	75000	100500	100500
26	浙江	求和项:销售额	30600	79000	91000	200600
27		最大值项:销售额2	30600	79000	91000	91000
28	求和项:销售额 的求和		100400	244000	263500	607900
29	最大值项:销售额2 的求和		36800	90000	100500	100500

技能测试十一　Excel 2010 操作（三）

一. 题目要求

1. 在 Sheet1 中输入样张所示的数据。

2. 使用公式，计算表格中第四季度相对第一季度的增长百分率，保留两位小数，对负增长率的以红色显示；计算季度平均和全年度销售合计，并按样张格式化。

3. 按样张创建三维面积图表，要求如下：

1) 将分类轴、系列轴的字体该为倾斜楷体、字号为 12 号。

2) 数据系列排列如样张所示。

3) 给图表区加上圆角边框，线形设置为最粗；给绘图区加上细线边框。

4) 添加填充图案分别修饰图表区及图例。

4. 将 Sheet1 中的数据复制到 Sheet2 工作表中，筛选出增长率为正数的数据。

二. 样张

1. Sheet1 样张

	第一季度	第二季度	第三季度	第四季度	增长率
上海	3,590	3,800	3,210	3,300	##.#%
北京	4,420	4,550	4,700	4,940	##.##%
广州	2,820	2,400	3,000	2,180	##.##%
南京	3,600	4,000	3,800	4,220	##.##%
天津	7,400	7,000	7,660	8,000	##.##%
重庆	5,650	5,890	6,000	6,470	##.##%
季度平均	#,###	#,###	#,###	#,###	
本年度销售合计					#,###

2. 三维面积图标样张

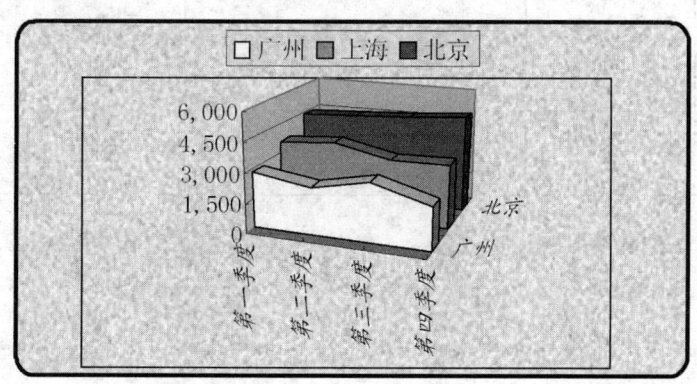

技能测试十二　Excel 2010 操作(四)

一. 题目要求

1. 在 Sheet1 中输入样张所示的数据,然后存盘。

2. 将 Sheet1 更名为"工资表",并在右侧增加一列"实发工资",使用公式计算实发工资,实发工资 = 基本工资 + 奖金;若实发工资 > 800,用红色、加粗斜体表示,并加 25% 的阴影修饰;最后给实发工资加上人民币符号。

3. 将 Sheet1 中数据复制到 Sheet2 中,在 Sheet2 中筛选出职称为高工或工程师的男职工。

4. 以"工资表"中的数据复制到 Sheet3 中,在 Sheet3 中按部门进行分类汇总,计算各部门的实发工资总和,在此基础上再汇总出各个部门的职工人数。

5. 以"工资表"中的数据为基础,创建圆柱形图表,要求实发工资数据系列在其他数据系列的前面,并按样张格式化图表。

6. 以"工资表"中的数据为基础,在 Sheet4 工作表中建立样张所示的数据透视表,并按样张编辑修改所建立的数据透视表。

二. 样张

1. Sheet1 样张

姓名	性别	部门	职称	基本工资	奖金
陈民	男	车间	工程师	580	450
刘玉娜	女	研究所	工程师	567	432
胡红影	女	车间	工程师	420	323
葛露	女	技术科	助工	300	150
宋江山	男	技术科	技术员	253	289
李小名	男	研究所	高工	560	500

2. 分类汇总表

	A	B	C	D	E	F	G
1	姓名	性别	部门	职称	基本工资	奖金	实发工资
2	陈民	男	车间	工程师	580	450	1030
3	胡红影	女	车间	工程师	420	323	743
4			车间 汇总				1773
5			车间 计数				2
6	葛露	女	技术科	助工	300	150	450
7	宋江山	男	技术科	技术员	253	289	542
8			技术科 汇总				992
9			技术科 计数				2
10	刘玉娜	女	研究所	工程师	567	432	999
11	李小名	男	研究所	高工	560	500	1060
12			研究所 汇总				2059
13			研究所 计数				2
14			总计				4824
15			总计数				6

3. 图表样张

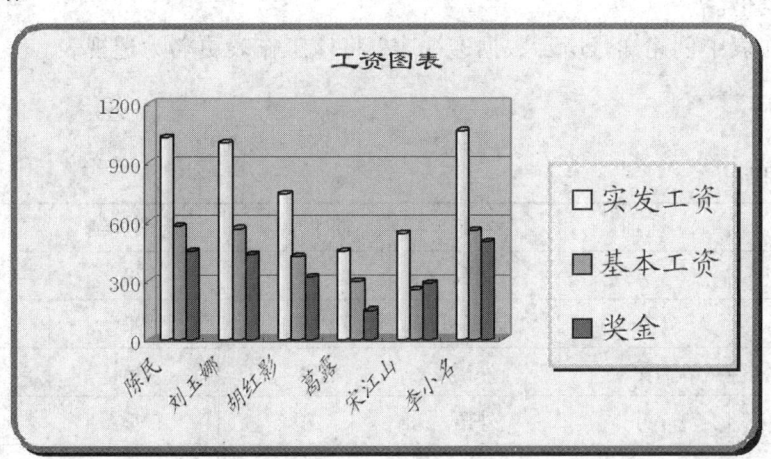

4. 数据透视表样张

	3		性别		
4	部门	数据	男	女	总计
5	车间	计数项:性别	1	1	2.00
6		平均值项:奖金	450.00	323.00	386.50
7	技术科	计数项:性别	1	1	2.00
8		平均值项:奖金	289.00	150.00	219.50
9	研究所	计数项:性别	1	1	2.00
10		平均值项:奖金	500.00	432.00	466.00
11	计数项:性别 的求和		3	3	6.00
12	平均值项:奖金 的求和		413.00	301.67	357.33

技能测试十三　Excel 2010 操作(五)

一．题目要求

1. 在 Sheet1 中输入样张所示的数据,然后存盘。

2. 将 Sheet1 更名为"成绩表",按样张进行格式化,使用条件格式让成绩<60者用红色粗斜体显示。

3. 在成绩表下方空白处创建样张所示的成绩分布表,利用 COUNTIF 函数统计出各分数段的人数。

4. 利用成绩分布表,创建折线图并进行格式化:除标题文字大小为14磅外,其余为10磅,期中成绩、期末成绩和总成绩的颜色分别为蓝色、粉红和绿色,背景墙设置"雨后初晴"填充效果,其余格式参照样张。

5. 将成绩表内容复制到 Sheet2 中,将 Sheet2 更名为汇总表,按专业创建总成绩汇总表,计算总成绩平均值。

6. 在新工作表中创建样张所示数据透视表,将该工作表更名为透视表。

二．样张

1. 成绩表样张

姓名	性别	专业	期中成绩	期末成绩	总成绩
田娜	男	能源	85	78	80.8
李景瑶	女	计算机	92	92	92
甘露	女	外语	78	86	82.8
周宇	男	外语	70	92	83.2
韩琳	男	能源	86	46	62
李乾	男	能源	70	82	77.2
王前	女	计算机	*43*	73	61
张锋	男	计算机	85	87	86.2
徐靓	女	能源	78	75	76.2
杨昆	男	计算机	*46*	63	*56.2*
李玲	女	计算机	65	78	72.8
陈燕	女	能源	66	73	70.2
周雨	男	能源	66	66	66
潘枫	男	外语	70	68	68.8
李净姚	男	外语	77	81	79.4

2. 成绩分布表样张

分数段	期中考试	期末考试	总成绩
60 以下	2	1	1
60~69	3	3	4
70~79	6	5	5
80~89	3	4	4
90 以上	1	2	1

3. 折线图样张

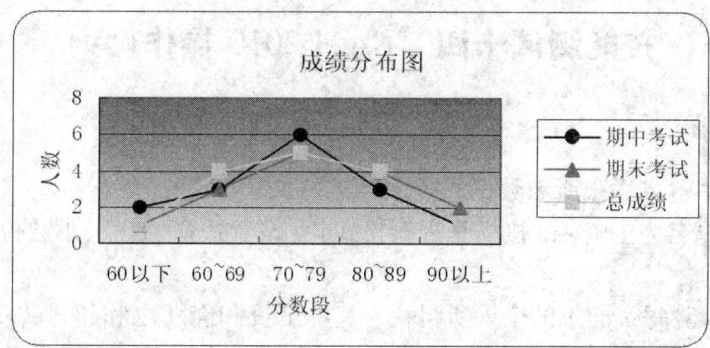

4. 汇总表样张

	A	B	C	D	E	F
1	姓名	性别	专业	期中成绩	期末成绩	总成绩
2	甘露	女	外语	78	86	82.8
3	周宇	男	外语	70	92	83.2
4	潘枫	男	外语	70	68	68.8
5	李净姚	男	外语	77	81	79.4
6			外语 平均值			78.55
7	田娜	男	能源	85	78	80.8
8	韩琳	男	能源	86	46	62
9	李乾	男	能源	70	82	77.2
10	徐靓	女	能源	78	75	76.2
11	陈燕	女	能源	66	73	70.2
12	周雨	男	能源	66	66	66
13			能源 平均值			72.06666667
14	李景瑶	女	计算机	92	92	92
15	王前	女	计算机	43	73	61
16	张锋	男	计算机	85	87	86.2
17	杨昆	男	计算机	46	63	56.2
18	李玲	女	计算机	65	78	72.8
19			计算机 平均值			73.64
20			总计平均值			74.32

5. 数据透视表样张

	A	B	C	D
1				
2				
3	平均值项:总成绩	性别 ▼		
4	专业 ▼	男	女	总计
5	计算机	71.20	75.27	73.64
6	能源	71.50	73.20	72.07
7	外语	77.13	82.80	78.55
8	总计	73.31	75.83	74.32

技能测试十四　Excel 2010 操作(六)

一. 题目要求

1. 在 Sheet1 中输入样张所示数据,然后存盘。

2. 将 Sheet1 更名为工资表,按样张进行格式化(设置边框、底纹、小数位数、对齐方式等,字号为 12 号)。

3. 使用公式计算每个职工的个人所得税,基本工资和岗薪之和超过 2000 的部分按 10% 缴税,800~2000 之间部分按 5% 缴税,800 以内不缴税,将计算结果填入 F 列。

4. 使用公式计算每个职工的实发工资,为基本工资和岗薪之和减去个人所得税,将计算结果填入 G 列单元格内。

5. 复制工资表内容到 Sheet2 中,将其更名为汇总表,实现样张所示的汇总,按部门汇总实发工资的汇总值和平均值。

6. 在工资表中,创建样张所示的三维柱状图,并进行格式化:除标题文字大小为 14 磅外,其余为 10 磅,改变"实发工资"系列的填充颜色为绿色,背景墙设置为"雨后初晴"填充效果,数值轴标题按 45°方向倾斜,分类轴刻度文字按 45°方向倾斜,其他格式设置参照样张。

7. 在新工作表中创建样张所示数据透视表,将该工作表更名为透视表。

二. 样张

1. 工资表样张

	A	B	C	D	E	F	G
1	姓名	性别	部门	基本工资	岗薪	个人所得税	实发工资
2	李景瑶	女	机关	¥ 585.00	¥ 1,200.00		
3	甘露	女	机关	¥ 600.00	¥ 1,300.00		
4	韩琳	女	机关	¥ 750.00	¥ 1,800.00		
5	周宇	男	计算机	¥ 550.00	¥ 1,200.00		
6	单涛	男	计算机	¥ 500.00	¥ 1,100.00		
7	李乾	男	外语	¥ 585.00	¥ 1,100.00		
8	田娜	女	外语	¥ 500.00	¥ 1,050.00		
9	王前	男	外语	¥ 400.00	¥ 300.00		

2. 图表样张

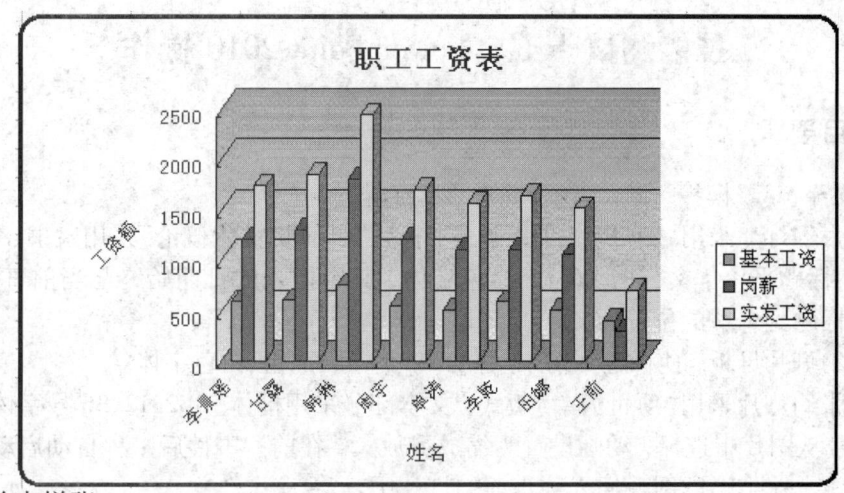

3. 汇总表样张

	A	B	C	D	E	F	G
1	姓名	性别	部门	基本工资	岗薪	个人所得税	实发工资
2	李景瑶	女	机关	585.00	1,200.00	49.25	1,735.75
3	甘露	女	机关	600.00	1,300.00	55.00	1,845.00
4	韩琳	女	机关	750.00	1,800.00	115.00	2,435.00
5			机关 平均值				2,005.25
6			机关 汇总				6,015.75
7	周宇	男	计算机	550.00	1,200.00	47.50	1,702.50
8	单涛	男	计算机	500.00	1,100.00	40.00	1,560.00
9			计算机 平均值				1,631.25
10			计算机 汇总				3,262.50
11	李乾	男	外语	585.00	1,100.00	44.25	1,640.75
12	田娜	女	外语	500.00	1,050.00	37.50	1,512.50
13	王前	男	外语	400.00	300.00	0.00	700.00
14			外语 平均值				1,284.42
15			外语 汇总				3,853.25
16			总计平均值				1,641.44
17			总计				13,131.50

4. 透视表样张

	A	B	C	D	E
1					
2					
3			性别 ▼		
4	部门 ▼	数据 ▼	男	女	总计
5	机关	计数项:实发工资		3	3
6		平均值项:实发工资		2005.25	2005.25
7	计算机	计数项:实发工资	2		2
8		平均值项:实发工资	1631.25		1631.25
9	外语	计数项:实发工资	2	1	3
10		平均值项:实发工资	1170.38	1512.50	1284.42
11	计数项:实发工资 的求和		4	4	8
12	平均值项:实发工资 的求和		1400.81	1882.06	1641.44

技能测试十五　Power Point 2010 操作

一．题目要求

1. 采用"Soaring"模板，建立演示文稿，然后存盘。
2. 第一张幻灯片采用"幻灯片标题"版式，标题"计算机文化概论"采用隶书、80号、黄色、阴影字体；副标题采用华文行楷、40号、绿色字体，其中插入的日期始终与当前日期同步，调整标题和副标题到合适的位置。
3. 设置幻灯片母板，使标题为仿宋_GB2312、54号、加粗、白色字体。
4. 第二张幻灯片采用"项目清单"版式，文本部分采用楷体_GB2312、36号字体，行距1.4倍，项目符号从图片中选择，动画设置为缩放－放大，在前一事件后1秒自动启动；并从当前计算机中搜索一张合适的图片插入到当前幻灯片中。
5. 第三张幻灯片采用"表格"版式，共10行、3列。
6. 第四张幻灯片采用"垂直排列文本"版式，文本部分居中显示。
7. 第五张幻灯片采用"文本与剪贴画"版式，剪贴画采用办公室类别下的计算机。
8. 在第二张幻灯片的文本部分设置超级链接，使其每一行分别对应链接到第三、四、五张幻灯片，并设置链接颜色，使链接前字体为红色，单击链接后字体为黄色。
9. 在第三、四、五幻灯片右下角分别添加一动作按钮，使其在任何时刻单击该按钮均能返回到第二张幻灯片。

二、样张

1. 第1张幻灯片

2. 第 2 张幻灯片

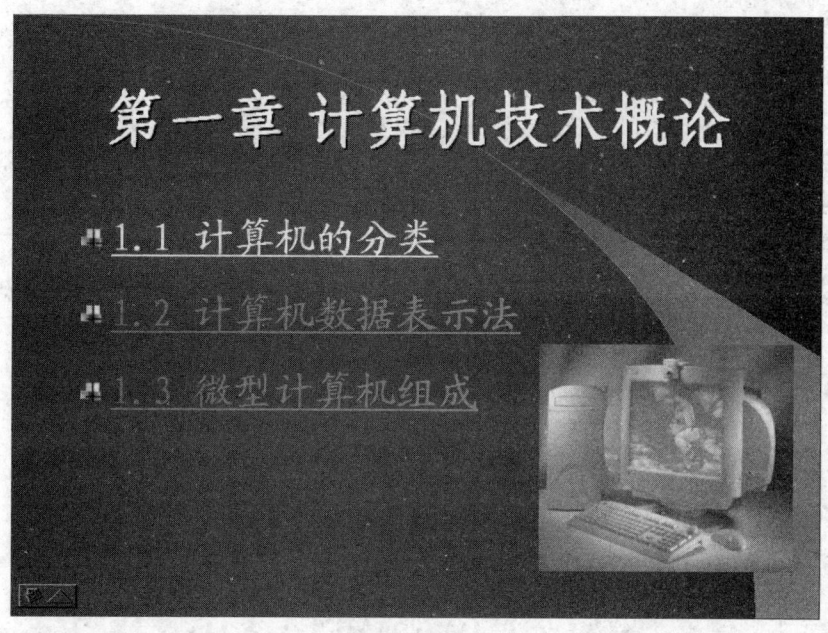

3. 第 3 张幻灯片

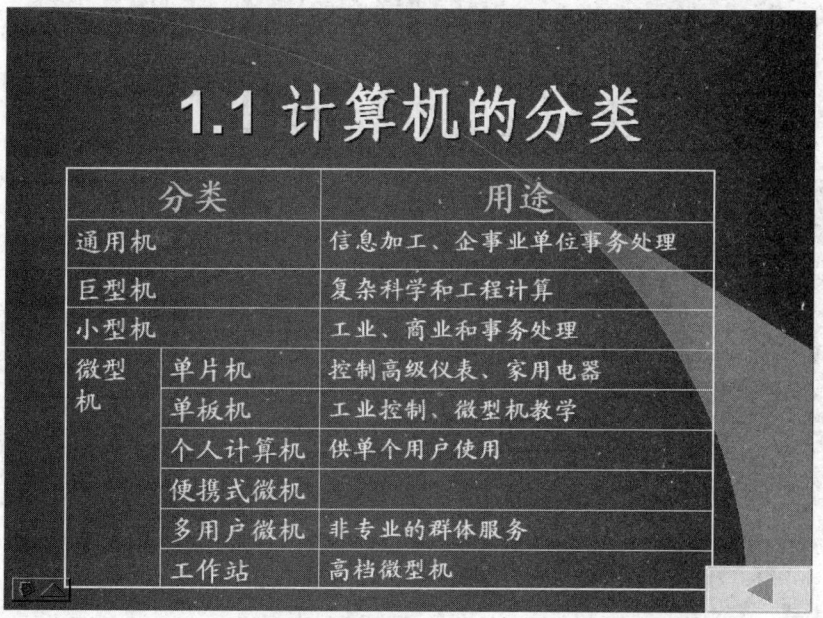

4. 第 4 张幻灯片

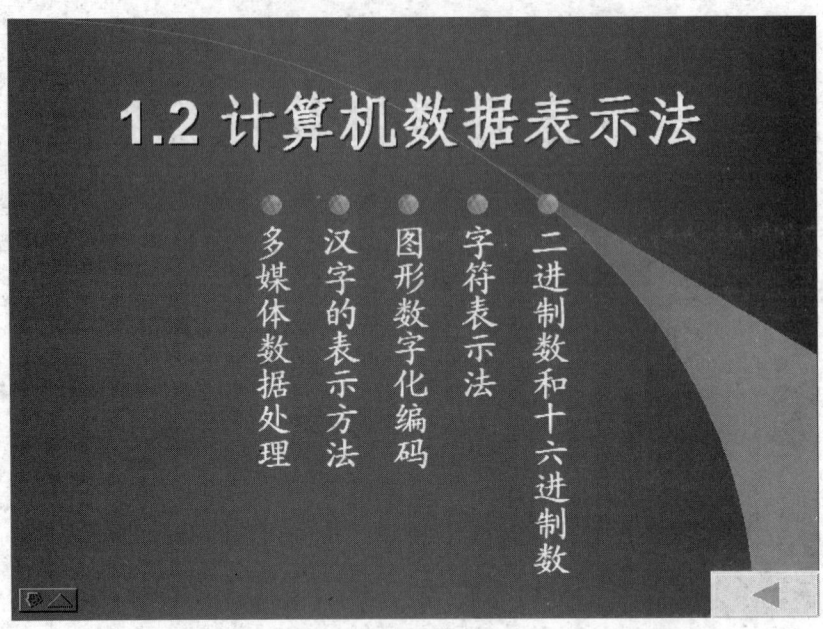

第 5 张幻灯片

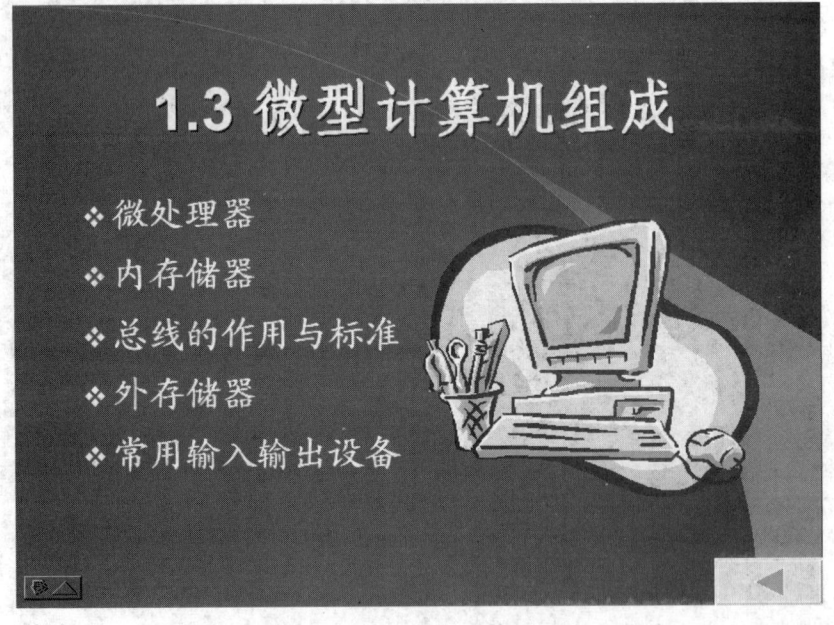

△ 第四部分　附录答案

项目一　计算机基础知识

技能测试一　计算机概述

一、单项选择题

1~5：B、C、D、B、C　　　　　　6~10：D、D、C、D、C
11~15：C、D、A、D、D　　　　　16~20：A、D、B、A、B
21~25：B、C、A、B、B　　　　　26~28：A、B、C

二、多项简答题

1. ABF　　　2. BC　　　3. AB　　　4. ACE

三、判断题

1.（√）　　2.（×）　　3.（×）　　4.（×）　　5.（×）
6.（√）　　7.（×）　　8.（×）　　9.（×）　　10.（×）
11.（×）　12.（√）

技能测试二　计算机的数字信息化表示

一、选择题

1~5：B、A、B、A、D　　　　　　6~10：B、D、C、C、D
11~15：C、B、C、A、D　　　　　16~20：B、A、D、A、C
21~25：B、A、A、C、C　　　　　26~30：C、C、D、A、A
31~35：B、A、C、C、B　　　　　36~40：A、C、C、D、B
41~45：D、B、B、A、D　　　　　46~50：C、D、B、B、A

二、简答题

1. 答：

	原码	补码	反码
+56	00111000	00111000	00111000
-74	11001010	10110101	10110110
+35	00100011	00100011	00100011
-127	11111111	10000001	10000001
+1	00000001	00000001	00000001

2. 答：

二进制	十进制	八进制	十六进制
10100111.01	87.25	247.2	A7.4
101111001.01	377.25	571.2	179.4
1000001110	526	1016	20D
1000001101	525	1015	20C
100101	37	45	25

3. 答：(1) 机器内部存放的正负号数码化的数称为机器数。
　　(2) 机器外部由正、负号表示的二进制数称为真值数。

4. 答：(1) BCD码又称为8421码，是指每位二进制数用4位二进制数编码表示。
　　(2) 0100010101100111。

5. 答：(1) ASCII码即美国信息交换标准代码，其每个字符用7位二进制表示，最高位总是0，可以表示128个字符。
　　(2) "A"—1000001；"a"—1100001；"0"—0110000；" "—0100000

6. 答：该标准用四个8位码(四个字节)来表示每一个字符，并相应的指定组、平面、行和字位。

技能测试三　微型计算机系统的组成

一、选择题

1～5：C、B、A、A、B　　　　　　　6～10：B、B、A、B、D
11～15：A、D、A、B、A　　　　　　16～20：C、B、D、B、A
21～25：B、B、D、A、B　　　　　　26～30：C、A、D、D、C
31～35：D、B、A、D、D　　　　　　36～40：D、A、C、A、C
41～45：C、A、C、B、D　　　　　　46～50：A、B、A、D、D
51～55：A、C、D、A、B

二、多项选择题

1. CD 2. BD 3. BC 4. BDE 5. ACDE
6. ABD 7. BDE 8. ABD 9. BCD 10. ACD

三、判断题

1. (√) 2. (×) 3. (×) 4. (×) 5. (×)
6. (√) 7. (√) 8. (×) 9. (×) 10. (×)
11. (√) 12. (√) 13. (×) 14. (×) 15. (×)
16. (√) 17. (×) 18. (×) 19. (√) 20. (√)

四、简答题

1. 答：
(1)管理计算机系统的全部硬件资源，软件资源及数据资源，使计算机系统所有资源最大限度地发挥作用，为用户提供方便，有效的、友善的服务界面。
(2)常见的操作系统有：DOS，UNIX，Windows98，Windows NT。

2. 答：
(1)CPU中的控制器工作不正常，控制器不能识别指令的功能，也就是不知道干什么了。
(2)方法1：热启 Ctrl – Alt – del 或者按 reset 键
方法2：冷启 关电源后重新开机

3. 答：
(1)机器语言是用二进制编码表示的程序设计语言
(2)汇编语言是用助记符代替二进制的程序设计语言
(3)高级语言是用自然语言和数学表达式表示的程序设计语言。

4. 答：只允许读出而不允许写入

5. 答：计算器没有存储程序的功能，因而不能进行自动计算，即使是现代的计算器，仍然需要人摁一下才算一步到几步，而计算机则可根据事先编好并存储在它内部的程序实行"自动计算"（从读入数据到写出结果）。

项目二 中文 Windows 7 操作系统

技能测试一 中文 Windows 7 基本知识

一、选择题

1~5：A、C、D、D、B   6~10：D、C、A、D、B
11~15：C、D、B、A、A   16~20：C、A、C、A、A
21~25：A、A、C、C、B   26~30：D、C、D、A、D
31~33：B、D、D

技能测试二 中文 Windows 7 资源管理器

一、选择题

1~5：B、B、D、D、B   6~10：C、D、A、D、D
11~15：C、A、B、D、A   16~20：B、D、C、B、A
21~25：A、D、D、B、A   26~30：D、C、A、D、C
31~33：A、A、D

二、多项选择题

1. CD   2. BC   3. AD   4. AB   5. AD
6. ACD   7. ABD   8. ACD   9. BD   10. AC
11. ACD 12. ABC 13. AD   14. AD   15. CD

三、填空题

1. Ctrl、Alt、Del   2. 不可用   3. Ctrl Shift   4. Ctrl
5. Shift   6. 工具 文件夹选项 查看 复选框   7. 回收站   8. bmp
9. 命令   10. ESC   11. 文件名 文件内容 扩展名   12. 格式化过的
检查磁盘坏扇区   13. 硬件资源 软件资源   14. 资源管理器 我的电脑
15. 全部应用程序   16. 图标 标签 标题栏

四、判断题

1.(×)   2.(√)   3.(×)   4.(√)   5.(×)   6.(×)
7.(×)   8.(×)   9.(√)   10.(√) 11.(×) 12.(×)
13.(×) 14.(×) 15.(√) 16.(×) 17.(√) 18.(√)
19.(√) 20.(×) 21.(×) 22.(√) 23.(×) 24.(√)
25.(×) 26.(×) 27.(√) 28.(√) 29.(√) 30.(√)

项目三 中文文字处理系统 2010

技能测试一 Word 文档的基本操作

一、选择题

1~5：B、A、A、D、A 6~10：B、C、C、B、B
11~15：A、D、A、B、B 16~20：B、D、D、A、A

二、多项选择题

1. CD 2. ABC 3. ABCD 4. CD 5. BC

技能测试二 Word 的基本概念

一、选择题

1~5： A、B、A、C、C 6~10：D、D、B、A、D
11~15：C、D、D、A、D 16~20：B、A、B、C、A
21~25：C、C、C、C、C 26~30：B、A、A、A、C
31~35：B、C、C、C、B

技能测试三 Word 文档编辑和显示

一、选择题

1~5：A、B、D、C、C 6~10：D、B、C、C、A
11~15：D、D、C、A、B

技能测试四 Word 文档的排版格式答案

一、选择题

1~5： B、D、B、C、A 6~10：B、A、D、C、B
11~15：C、C、D、C、A 16~20：A、C、D、D、C

技能测试五 项目符号和编号及分栏操作答案

一、选择题

1~5：A、D、A、B、B 6~10：B、D、A、A、A
11~15：B、B、C、D、A

技能测试六　表格和图形答案

一、选择题

1~5：C、C、C、A、C　　　　　　6~10：D、D、D、C、A
11~15：D、A、C、A、D　　　　　16~20：C、C、D、B、C
21~25：A、B、B、D、B

技能测试七　页面排版和打印文档答案

一、选择题

1~5：C、B、B、B、A　　　　　　6~10：D、B、A、D、B
11~15：B、A、C、D、D　　　　　16~18：B、B、B

二、多项选择题

1. ABD　　　2. ABD　　　3. BCD　　　4. ABC　　　5. ACD
6. AC　　　 7. ABCD　　 8. BC　　　 9. ABC　　　10. ABCD

三、判断题

1.（√）　2.（×）　3.（√）　4.（√）　5.（×）　6.（√）
7.（√）　8.（√）　9.（×）　10.（×）　11.（×）　12.（×）
13.（√）　14.（×）　15.（×）　16.（√）　17.（√）　18.（×）

项目四 电子表格处理软件 2010

技能测试一 中文 Excel 的基本知识

一、选择题

1~5：A、D、D、D、A 6~10：B、D、B、C、D
11~15：C、C、A、A、B 16~20：A、A、C、D、D
21~25：A、B、A、B、D 26~30：A、C、B、A、B

技能测试二 工作表的建立

一、选择题

1~5：A、D、C、A、C 6~10：D、D、B、A、A
11~15：A、D、A、A、B 16~20：A、D、B、A、A
21~25：C、B、D、B、D

技能测试三 工作表的编辑和格式化

一、选择题

1~5：B、A、C、D、C 6~10：C、A、A、B、A
11~15：D、B、B、A、C 16~20：C、C、A、C、B
21~25：B、A、C、B、C

技能测试四 数据图表和地图

一、选择题

1~5：D、B、A、C、B 6~10：B、A、C、B、A
11~15：C、C、A、B、C

技能测试五 数据管理和分析

一、选择题

1~5：A、A、D、B、D 6~10：A、C、D、A、D
11~15：A、C、A、B、A 16~17：B、B

二、填空题

1. .XLS 3 256 工具 常规   2. 活动单元格   3. 右对齐
4. 职工工资!C3   5. 3   6. 重命名   7. 0 空格 1/2
8. 4 9   9. 相对引用 绝对引用 混合引用   10. A1&A2&"的"&A3
11. 计算机 应用 基础   12. 没有影响   13. 格式
14. 左   15. 编辑   16. 填充柄

三、判断题

1. (√)   2. (×)   3. (√)   4. (√)   5. (√)   6. (√)
7. (×)   8. (×)   9. (×)   10. (√)   11. (×)   12. (√)
13. (√)   14. (×)   15. (×)   16. (×)   17. (√)   18. (√)
19. (×)   20. (×)

项目五 Power Point 演示文稿 2010

一、选择题

1~5：A、C、D、B、A   6~10：A、C、D、D、C
11~15：D、B、C、A、A   16~20：B、D、B、A、D
21~25：B、C、A、C、C   26~28：A、B、C

二、填空题

1. ppt   2. 应用   3. 来自文件   4. 动画方案
5. 设计模板   7. 排练计时   8. 母板   9. 超链接
10. 幻灯片浏览视图

三、判断题

1. ×   2. ×   3. ×   4. √   5. √

项目六　计算机网络基础

一、选择题

1~5：D、D、B、A、C　　　　　　6~10：D、A、A、B、A
11~15：C、B、C、D、D　　　　　16~20：C、A、D、A、D
21~25：D、C、A、A、D　　　　　26~30：A、C、A、D、C
31~35：D、D、B、A、A　　　　　36~40：D、C、D、A、D
41~45：A、C、C、D、C　　　　　46~50：C、B、C、D、C
51~55：B、B、A、C、B　　　　　56~60：C、C、B、A、D
61~65：A、C、A、A、C　　　　　66~70：C、D、A、D、A

二、填空题

1. 网络　网络群体　　　　2. 接口　　　　3. 网络号　主机号
4. 微波　无线电话　　　　5. 转移　存储　　6. 客户/服务器
7. Telnet　远程计算机终端　8. TCP/IP　　　9. 七
10. World Wide Web　　　　11. 信息交换　资源共享　分布式处理
12. 局域网　城域网　广域网　13. 星型　环型　树型
14. 卫星通信　红外线　激光　15. 通信子网　资源子网
16. Ping　　　　　17. 收藏夹　　　　18. 搜索引擎
19. 网卡　NIC　　　20. Internet Protocol Version 6　128

技能拓展二　计算机病毒

一、选择题

1~5：D、D、A、A、A　　　　　　6~10：C、C、B、B、D
11~15：B、A、D、D、C　　　　　16~20：C、C、A、C、D

技能拓展三　Internet基础

一、选择题

1~5. D、C、C、B、C　　　6~10. B、B、A、C、D　　　11~15. A、C、C、B、B
16~20. D、B、D、B、A　　21~25. B、C、A、C、A　　　26~30. C、B、A、A、A

二、填空题

1. 资源共享　　　　2. internet 网　　　　3. 调制解调器
4. TCP/IP　　　　　5. 协议　　　　　　　6. 教育网、中国

7. 通信、资源　　　　8. WANG@public.tpt.fj.cn
9. ISP　　　　　　　10. 电子邮件　　　　11. 添加到收藏夹

三、判断题

1. ×　2. √　3. √　4. √　5. √　6. √　7. √　8. √　9. ×　10. √　11. √　12. √
13. √　14. ×